U0182204

成丝非线性光学

Nonlinear Optics in the Filamentation Regime

【德】卡斯滕·布雷（Carsteen Brée） 著

王玉恒 瞿谱波 房晓婷 译

国防工业出版社

·北京·

著作权合同登记　图字：军－2018－048 号

图书在版编目（CIP）数据

成丝非线性光学／（德）卡斯滕·布雷著；王玉恒，瞿谱波，房晓婷译．— 北京：国防工业出版社，2021.1

书名原文：Nonlinear Optics in the Filamentation Regime

ISBN 978 – 7 – 118 – 12234 – 3

Ⅰ．①成…　Ⅱ．①卡…②王…③瞿…④房…　Ⅲ．①非线性光学　Ⅳ．①O437

中国版本图书馆 CIP 数据核字（2020）第 230957 号

First published in English under the title

Nonlinear Optics in the Filamentation Regime by Carsten Brée, edition：1

Copyright © 2012 Springer – Verlag Berlin Heidelberg

This edition has been translated and published under license from

Springer – Verlag GmbH，part of Springer Nature

All Rights Reserved.

※

（北京市海淀区紫竹院南路 23 号　邮政编码 100048）

三河市腾飞印务有限公司印刷

新华书店经售

*

开本 710×1000　1/16　印张 9　字数 130 千字

2021 年 1 月第 1 版第 1 次印刷　印数 1—1500 册　　定价 108.00 元

（本书如有印装错误，我社负责调换）

国防书店：（010）88540777　　　书店传真：（010）88540776

发行业务：（010）88540717　　　发行传真：（010）88540762

译者序

激光是 20 世纪 60 年代初出现的新兴科学技术,随着激光技术的飞速发展,诺贝尔奖不断与激光结缘。据统计,与激光有直接关系的诺贝尔奖有几十项之多。引人注目的是,近年来超快激光出现在人们的视线中,它具备独特的超短脉冲、超强特性,激光技术的一个主流研究方向是如何获得时间上越来越短的光脉冲,以便能以较低的脉冲能量获得极高的峰值光强,并诞生了另外一门学科——超快光学。超短光脉冲已经成为基础研究中普遍使用的工具,值得一提的是,1999 年诺贝尔化学奖授予了在利用飞秒激光脉冲技术研究化学反应方面开展开拓性工作的科学家,2005 年诺贝尔物理学奖授予了在激光精密光谱及频率梳技术发展上有开创性贡献的科学家,2018 年诺贝尔物理学奖授予了发明啁啾脉冲放大技术的科学家。这三项受到诺贝尔奖肯定的科学成就,显示了超短光脉冲及其与物质相互作用的研究方向是当前国际上最前沿和充满活力的科学领域。

自从激光被发明之后,人们就发现激光在与物质相互作用的过程中,会产生新的频率分量,并由此发展了非线性光学这一学科方向。超短脉冲在介质中的传播会引起一系列有趣的现象,伴随着明显的线性和非线性现象,并且其非线性光学现象引发了众多的研究和讨论。相关的物理效应包括色散、克尔效应、拉曼散射、增益饱和等,这些现象可以用模拟脉冲传播和实验诊断的方法进行研究。

本书是研究超短光脉冲与物质相互作用后成丝物理现象的专著。超短激光脉冲传输成丝是复杂又有趣的现象,是吸引我们将这本前沿专著翻译出来的主要动力。该研究从理论和实验两方面研究了飞秒光丝,揭示了这一非凡现象背后的物理机制。

全书分为 5 章,包括导师前言和附录。前言部分是学生导师撰写的前言和作者致谢,对本书涉及的专业领域和研究意义进行解释说明。第 1 章是引言部分,综述了飞秒光丝的特征、潜在应用以及光丝自压缩现象引起的科学挑战。第 2 章是飞秒成丝的理论基础,讨论了飞秒激光成丝的理论建模问题。第 3 章是脉冲自压缩,从实验和理论两部分探讨了这一奇妙物理现象背后的物理机制。第 4 章是全光克尔效应的饱和和反转,探讨了影响飞秒成丝的物理因素,提出了一种解释强度相关折射率指数(IDRI)饱和和反转行为的理论模型,用于估计光学中高阶非线性光学效应的影响。第 5 章是总结,作者提出建议在将来的成丝模型中要考虑基于克尔效应的饱和机制。附录 A ~ C 是原著对非线性薛定谔方程(NLSE)及其数值解法,超短零星周期(few - cycle)光脉冲①的表征方法进行的理论描述。附录 D 是译者对书中出现的英文缩略词对应的英文含义和中文译名进行的汇编,以方便读者更好地阅读本书。

王玉恒负责前言、第 1 章、第 5 章、附录翻译,对各章初稿进行了二、三校以及全书统稿。瞿谱波负责第 2、3 章翻译,对各章内容进行了一、二校。房晓婷负责第 4 章翻译。

译者所在团队从 2015 年开始从事超短激光脉冲技术及其应用研究,为翻译本书奠定了技术基础。在全书翻译过程中,杨一明、赵晨旭、彭升人、张欢、束庆邦等先后提供了有益支持。感谢王金良、刘丰山、邢安武、刘长安等对出版本书给予的鼓励和大力帮助。感谢国防工业出版社崔艳阳编辑十分专业和耐心的支持和帮助。感谢译者家人们的支持和帮助。

本书是非线性光学和超快科学领域中既有基础理论又充满前沿探索的专著,是从事相关专业技术研究人员十分有益的参考书,同时可作为科研院所和高校相关专业研究生的教材。由于译者水平有限,书中的不足之处在所难免,敬请读者批评指正。

王玉恒

2020 年 6 月

---

① 英文 ultrashort few - cycle optical pulses 译为超短零星周期光脉冲,意指仅包含少数几个光学周期的光脉冲,few - cycle 本书中统一译为零星周期,与光学中的稀疏周期相区别。——译者

献给Jana、Edda和Mette······

导师前言

超短光脉冲已经成为基础研究中普遍使用的工具,在物理和化学领域可获得前所未有的场强和时间分辨率。过去十年的几项诺贝尔奖直接见证了这一发展,最突出的是 2005 年诺贝尔奖因频率梳授予霍尔(Hall)和汉施(Hänsch)。

能量集中在尽可能短的时间尺度上需要至少一个线性和一个非线性光学效应的复杂相互作用。鉴于等离子体效应的附加作用,高强度场压缩现象比其他现象更难理解。特别是最近关于光脉冲在光丝中传播时自压缩的实验报道是令人费解的,以前所未有的方式对这类压缩机制进行了具有挑战性的理论模拟。成丝传输涉及空间和时间效应,包括线性和两个相互竞争的非线性光学效应。这一令人费解的现象是卡斯滕·布雷(Carsten Brée)的出发点。首先,他的工作利用光强分布自箍缩的清晰图像,为光丝中脉冲自压缩这一之前无法解释的、非凡现象提供了一个新颖的解释。此外,该工作解决了这样一个强光脉冲在气体介电材料和固体介电材料的交界面处,经历非绝热变化的非线性特性和色散的问题。最后,或许也是最重要的,本书提出了一个简单而高度实用的理论方法,用于估计光学中高阶非线性光学效应的影响。本书的研究结果对近年来的实验观察有了新的启示,对其讨论颇有争议,因为他们可能完全改变我们对成丝的理解,从而导致高阶非线性在光学中作用的观念性改变。事实上,这些结果指出无等离子体光丝的可能性,使高能量光脉冲在一个自身的导引几何空间内无耗散地传递。

本书已经激发了对各种介电材料,包括固体内的非线性光学响应的进一步研究。目前,一些对稀有气体的研究已经瞄准提高对饱和和反转强度估计的精度。因此,本书似乎已经引发了这个领域内一场新的研究热点,即试图确认(或反驳)光学中经常被低估的高阶非线性所起的作用。作为导师,对于卡斯滕·布雷的开创性工作在斯普林格系列论文丛书中出版,这是一种肯定,我们感到极为高兴。

乌维·班德洛(Uwe Bandelow)和
甘特·施坦梅尔(Günter Steinmeyer)
2012 年 4 月

致谢

我要感谢埃尔萨瑟(T. Elsässer)教授和乌维·班德洛(Uwe Bandelow)(无薪大学)讲师,让我有机会从事实验和理论结合的这样一个令人兴奋的课题。

我非常感谢施坦梅尔(G. Steinmeyer)教授和德米尔詹(A. Demircan)博士,感谢他们持续且有价值的科学建议,并提供尊重和激励性的工作条件。

我还要感谢斯库平(S. Skupin)教授和贝杰(L. Bergé)博士慷慨提供数值模拟的源代码,以及对博士项目期间发表的期刊文章所做的有益贡献。

此外,我还感谢尼伯林(E. T. J. Nibbering)博士,授权我使用激光系统以完成本项目的实验部分。

贝特格(J. Bethge)硕士通过光谱相位干涉测量向我介绍了零星周期脉冲(few - cycle pulse)特性的微妙之处,对此我想表达我真诚的谢意。

沙尔瓦·阿米粒纳什维利(Shalva Amiranashvili)博士自愿分享其在非线性光学概略描述方面的专业知识,我深表谢意。我也感谢与维尔姆斯(A. Wilms)硕士富有前瞻性的物理讨论,并帮忙校对手稿。

我还要感谢格雷宾(C. Grebing)博士、科克(S. Koke)硕士和施密特(A. Schmidt)硕士与我分享了他们在非线性光学方面的实验专业知识。

最后,我要感谢魏尔斯特拉斯应用分析与随机研究所(WIAS)"激光动力学"研究小组的所有成员,和马克思·玻恩非线性光学与短脉冲光谱学研究所(MBI)的C2部门,感谢他们提供愉快的、合作的工作氛围。

出版物列表

参考出版物

1. C. Brée, A. Demircan, and G. Steinmeyer, Asymptotic pulse shapes in filamentary propagation of intense femtosecond pulses, LaserPhys. ,19 ,330(2009).

2. C. Brée, A. Demircan, S. Skupin, L. Bergé, and G. Steinmeyer, Self-pinching of pulsed laser beams during filamentary propagation, Opt. Express, 17, 16429 (2009).

3. C. Brée, A. Demircan, S. Skupin, L. Bergé, and G. Steinmeyer, Plasma inducedpulse breaking in filamentary self-compression, Laser Phys. ,20 ,1107 (2010).

4. C. Brée, J. Bethge, S. Skupin, L. Bergé, A. Demircan, G. Steinmeyer, Cascadedself-compression of femtosecond pulses in filaments, New J. Phys. 12, 093046(2010).

5. C. Brée, A. Demircan, and G. Steinmeyer, Method for computing the nonlinear refractive index via Keldysh theory, IEEE J. Quantum Electron. , 46, 433 (2010).

6. C. Brée, A. Demircan, and G. Steinmeyer, Modulation in stability in filamentary self-compression, accepted for publication in Laser Phys. (2011)

7. C. Brée, A. Demircan, J. Bethge, E. T. J. Nibbering, S. Skupin, L. Bergé, and G. Steinmeyer, Filamentary pulse self-compression：The impact of the cell windows, Phys. Rev. A 83 ,043803(2011).

8. J. Bethge, C. Brée, H. Redlin, G. Stibenz, P. Straudt, G. Steinmeyer, A. Demircan, and S. Düsterer, Self-compression of 120 fs pulses in a white-light filament, J. Opt. 13, 055203(2011).

9. C. Brée, A. Demircan, and G. Steinmeyer, Saturation of the all-optical Kerr effect, Phys. Rev. Lett. 106, 183902(2011).

10. C. Brée, A. Demircan, and G. Steinmeyer, Kramers-Kronig relations and high-order nonlinear susceptibilities, Phys. Rev. A 85, 033806(2012).

11. B. Borchers, C. Brée, S. Birkholz, A. Demircan, and G. Steinmeyer, Saturation of the all-optical Kerr effect in solids. Optics Letters 37, 1541 – 1543(2012).

会议论文集

12. C. Krüger, A. Demircan, S. Skupin, G. Stibenz, N. Zhavoronkov, and G. teinmeyer, Asymptotic pulse shapes in filamentary propagation of femtosecond pulses and self-compression, in: Quantum Electronics and Laser Science Conference, OSA Technical Digest, JTuA44(2008).

13. C. Krüger, A. Demircan, S. Skupin, G. Stibenz, N. Zhavoronkov, and G. Steinmeyer, Asymptotic pulse shapes and pulse self-compression in femtosecond filaments, in: Ultrafast Phenomena XVI, Proceedings of the 16th International Conference, June 9 – 13, 2008, Stresa, Italy, Corkum, P. , Silvestri, S. , Nelson, K. A. , Riedle, E. , Schoenlein, R. W. (Eds.), Vol. 92 of Springer Series in Chemical Physics, 804 (2009).

14. C. Brée, A. Demircan, S. Skupin, L. Bergé, and G. Steinmeyer, Nonlinear photon z-pinching in filamentary self-compression, in: Conference on Lasers and Electro-Optics/International Quantum Electronics Conference, OSA Technical Digest, ITuC1/1- ITuC1/2(2009).

15. C. Brée, A. Demircan, S. Skupin, L. Bergé, and G. Steinmeyer, Nonlinearphoton z-pinching in filamentary self-compression, in: CLEO/Europe and EQEC2009 Conference Digest, CF5_4(2009).

16. C. Brée, J. Bethge, S. Skupin, L. Bergé, A. Demircan, G. Steinmeyer, Double Self-compression of Femtosecond Pulses in Filaments, in: Quantum Electronics and Laser Science Conference, OSA Technical Digest, JThD6(2010).

17. C. Brée, J. Bethge, A. Demircan, E. T. J. Nibbering, and G. Steinmeyer, On the Origin of Negative Dispersion Contributions in Filamentary Propagation, in: Conference on Lasers and Electro-Optics, OSA Technical Digest, CMU2 (2010).

18. C. Brée, G. Steinmeyer, and A. Demircan, Saturation of the all-optical Kerreffect, in CLEO:2011-Laser Applications to Photonicpplications, OSA Technical Digest (CD) (Optical Society of America, 2011), paper CWR6.

19. C. Brée, A. Demircan, and G. Steinmeyer, Saturation of the All-Optical Kerr Effect, in CLEO/Europe and EQEC 2011 ConferenceDigest, OSATechnical Digest (CD) (Optical Society of America, 2011), paper EF4 6.

Rez	z 的实部
Imz	z 的虚部
$\partial x, \dfrac{\partial}{\partial x}$	对 x 的偏微分
$\boldsymbol{\nabla}$	微分算符 $\boldsymbol{\nabla} = \partial x \boldsymbol{e}_x + \partial y \boldsymbol{e}_y + \partial z \boldsymbol{e}_z$
$\boldsymbol{e}_x$	x 方向的单位向量
$\boldsymbol{r}$	位置向量 $\boldsymbol{r} = x\boldsymbol{e}_x + y\boldsymbol{e}_y + z\boldsymbol{e}_z$
Δ	拉普拉斯算符 $\Delta = \partial_x^2 + \partial_y^2 + \partial_z^2$
$\Delta_\perp$	横向拉普拉斯算符 $\Delta_\perp = \partial_x^2 + \partial_y^2$
$\delta(x)$	δ 分布 $\int \mathrm{d}x \delta(x)f(x) = f(0)$
$\Theta(x)$	亥维赛函数 $\Theta(x) = \begin{cases} 1, x>0 \\ 0, x<0 \end{cases}$
$\mathrm{sgn}(x)$	符号函数 $\mathrm{sgn}(x) = \begin{cases} 1, x>0 \\ 0, x=0 \\ -1, x<0 \end{cases}$
$\widehat{G}(\omega) = \mathcal{F}[G](\omega)$	傅里叶变换, $\widehat{G}(\omega) = \dfrac{1}{2\pi}\int G(t)\,\mathrm{e}^{\mathrm{i}\omega t}\mathrm{d}t$
$G(t) = \mathcal{F}^{-1}[\widehat{G}](t)$	逆傅里叶变换, $G(t) = \int \widehat{G}(\omega)\,\mathrm{e}^{-\mathrm{i}\omega t}\mathrm{d}\omega$

$\mathcal{H}[f](\omega)$	希尔伯特变换,$\mathcal{H}[f](\omega) = \dfrac{1}{\pi}P\displaystyle\int_{-\infty}^{\infty}\dfrac{f(\Omega)}{\Omega-\omega}\mathrm{d}\Omega$
ϵ_0	真空介电常数$\epsilon_0 = 8.85187817 \times 10^{-12}\,\mathrm{As/Vm}$
μ_0	真空磁导率$\mu_0 = 4\pi \times 10^{-7}\,\mathrm{Vs/Am}$
ϵ	相对介电常数
ω	角频率
ω_0	中心角频率
c	真空中光速,$c = 299792458\,\mathrm{m/s}$
$\boldsymbol{k}$	波矢 $\boldsymbol{k} = k_x\boldsymbol{e}_x + k_y\boldsymbol{e}_y + k_z\boldsymbol{e}_z$
$k(\omega)$	波矢模,$k(\omega) = \sqrt{k_x^2 + k_y^2 + k_z^2} = n(\omega)\omega/c$
k_0	中心频率ω_0处的波数,$k_0 = k(\omega_0)$
$n(\omega)$	频率ω处的折射率指数
n_0	中心频率ω_0处的折射率指数$n(\omega_0)$
$\alpha(\omega)$	频率ω处的吸收系数
α_0	中心频率ω_0处的吸收系数$\alpha(\omega_0)$
n_{2k}	第$2k$阶克尔系数
σ_K	K–光子电离横截面
β_K	K–光子非线性吸收系数
ω_0	光束束腰
t_p	脉冲持续时间
P_cr	自聚焦的临界功率,$P_\mathrm{cr} \approx \lambda^2/2\pi\,n_0 n_2$
$n(I)$	与强度有关的折射率指数,$n(I) = \displaystyle\sum_{k\geqslant 0} n_{2k} I^k$
$\Delta n(I)$	非线性诱导折射率指数变化,$\Delta n(I) = n(I) - n_0$
$\Delta\alpha(I)$	非线性诱导吸收系数变化,$\Delta\alpha(I) = \alpha(I) - \alpha_0$
β_n	中心频率ω_0处的第n阶色散系数,$\beta_n = \partial_\omega^n k(\omega)\big|_{\omega_0}$

ρ_0	中性密度
IDRI	与强度有关的折射率指数
FWHM	半高全宽
NLSE	非线性薛定谔方程
NEE	非线性包络方程
SVEA	慢变包络近似
SEWA	慢变波近似
GVD	群速度色散
TOD	三阶色散
MPI	多光子电离
MPA	多光子吸收
HT	希尔伯特变换
FFT	快速傅里叶变换
TDSE	含时薛定谔方程

目录

第1章

引　言

　　飞秒光丝是一种窄的自约束（Self – confined）激光光束，在传输远超过激光束经典瑞利范围（Rayleigh Range）的距离之后，其光束直径保持不变[1]。如图1.1所示，当脉冲飞秒激光辐射在气体容器中聚焦，会出现自组织（Self – organized）的光成丝结构和自由电荷。在图1.1所示装置中，气体容器中填充一个大气压的氩气。由于非常高的光场强度，气体被电离形成稀薄的等离子体，这可由其有特征性的蓝紫色荧光所证实。后者发生在被称为非线性焦点 F_{NL} 的位置，其实际上位于线性焦点 F 的位置之前。由于非线性焦点和前述的长距离传输特性的同时存在，光丝显然不符合线性光学中的衍射定律[2-3]。实际上，光丝形成背后的物理机制已经引发了很多关于其亚衍射性质的有争议的讨论。十分明确的是，光丝是一种高度非线性的光学现象，它只能由峰值功率在吉瓦和兆瓦范围的脉冲激光束，分别在气体和凝聚态介质中产生[4-5]。液体中的光丝是由皮利佩茨基（Pilipetskii）和鲁斯塔莫夫（Rustamov）首次观察到的[6]。在气体中，克尔非线性特性比液体中的小3个数量级，所以，大气中的激光光丝被首次观察到[1]是在30年后，随着20世纪80年代中期啁啾脉冲放大（the Chirped Pulse Amplification，CPA）技术[7]的出现而成为可能，该技术可提供拍瓦量级的超短激光脉冲。通过观察，气体中典型的成丝光束直径在几百微米，峰值功率几十吉瓦的光束其成丝电场强度在数倍 10^{10} V/m。这个数值接近内部原子的结合力，约为一个原子单位的电场强度量级（5.14×10^{11} V/m）。

　　飞秒成丝具有广泛的潜在应用。光丝中自相位调制（Self-phase Modulation）引起的频谱展宽现象最早在文献[8]中被观测到。其导致的超连续谱白光被发现可以应用在光学相干断层成像（Optical Coherence Tomography）技术或白光探测及测距技术(White-light LIDAR)中。后者涉及利用光丝中的连续谱白光对大气进行分析的技术,光丝通过一台太瓦激光源产生。例如,在 Teramobile 项目[9]中。还有的例子是远程光学传感,该技术是通过激光诱导击穿光谱学(Laser Induced Breakdown Spectroscopy, LIBS)和飞秒光丝的远程传输实现的[10]。应用这项技术,远程的样品被足够产生光致电离的强光辐照,这可以实现对特征原子发射线的探测。例如,可以应用这个方法对雕塑或纪念碑一类的文化遗产进行远程分析[11]。飞秒脉冲成丝更进一步的潜在应用包括电流的无线传输或产生太赫兹辐射[12]。例如,前者以高速铁路电力供应的无接触集电弓(Pantograph)为目标[13],而后者可以用于安全检查方面,如爆炸物的远程探测。

图 1.1 一束松弛聚焦(Loosely Focusing)的飞秒激光脉冲在充满氩气的气体容器
中辐照产生的光丝。初始脉冲能量和脉宽分别是 1mJ 和 45fs。
F 和 F_{NL} 分别是线性和非线性焦点位置

光丝中的强度足够高,通过多光子电离或隧道电离过程,可以产生稀薄等离子体。这导致两种累积效应的竞争:一是等离子体引起的折射率变化;二是瞬态克尔效应,它们使得光学脉冲形状在空间域和时间域上是非常动态的变化过程[14]。在合适的实验条件下,这可能会产生令人惊讶的脉冲自压缩效应:除了激光束内部的空间自约束之外,非线性传输过程中非线性光学效应已经显示出能产生进一步的脉冲压缩,这十分接近形成光弹(Optical Light Bullets)[15]的古老梦想,在传输通过非线性介质时理想地自聚集其能量。这种现象,过去通过数值模拟进行分析[16],现在表明主要是一种空间特性,与之前任何一种脉冲压缩方法形成强烈的对比[17-18]。此外,实验和数值模拟都表明,对于适当选择的输入脉冲参数,导致脉冲自压缩的过程可以级联起来[19]。

光丝是强烈的非线性吸引子(Attractor),在其横向空间截面上显示出具有自愈合(Self-healing)能力。在时域上相似的自恢复(Self-restoration)性质是有关于脉冲自压缩的另一个惊人的发现。与之相关的事实是实验装置频繁的需要容器窗口(Cell Windows),以便利用原子气体的非线性特性。与气体介质的色散和非线性特性相比,容器窗口提供了数千种性质中的一个突然的、非绝热的变化。无论非线性影响还是色散的线性影响将会立刻破坏光丝中产生的自压缩脉冲的短时特征。这种令人困惑的争论最近在理论上被解决了[20-21],预测自愈合机制可以再产生初始的短脉冲;这是在本书中现在可以由实验证实的一个预言[22]。

最后,随着场强接近内部原子结合力,问题出现了:在以上讨论过的任何一个问题中,高于$\chi^{(3)}$的高阶克尔效应是否有影响?由于在$\chi^{(3)}>0$的克尔介质中自聚焦会导致光场强度急剧增大,起初从唯象的角度已经讨论过的起反作用的高阶克尔项可用来解释光丝的形成,如文献[23]所述。相反地,最近的文献大多忽略了高于三阶的非线性磁化率[4-5]。反而,由$\chi^{(3)}$支配的非线性折射引起的钳制由源于等离子体形成过程中的特鲁德(Drude)贡献所解释。这样的观点最近受到了非线性诱导双折射(Nonlinearly Induced Birefringence)测量的挑战[24-25],(测量)清楚地表明高阶克尔效应对光丝形成的贡献,这引起了充满争议的讨论[26-32]。本书提供了一种完全独立的方法,处理在解释飞秒光丝(形成)中出现的范式转移的问题,通过多光子电离速率(Multiphoton Ionization Rates)的克拉默斯-克罗尼希变换(Kramers-Kronig Transformation)来计算非线性折射系数变化[33]。对于双光子电离(Two-photon Ionization)情形,它与由$\chi^{(3)}$支配的二阶非线性折射相关[34-36],这种方法得到的结果与之前发表的所有可得到的、公认的实验与理论材料吻合得极好。

作为仅依赖于个别原子电离能量的单参数理论,所采用的模型提供了对于非线性折射系数的估计,清楚地确认了高阶克尔系数[24-25]对于光丝稳定性[31]的重要性。这为理解极高强度条件下非线性光学的范式转移开辟了前景。十分清楚地是,在特定条件下,高阶折射率的非线性特性可能都会出现,同时保持在阈值强度之上,这与高次谐波产生现象中的耗散非线性特性行为类似。这有可能在非线性光学现象上打开一个全新的视角,在传统的扰动性非线性光学与强场非线性光学之间形成一个极端、非常有趣的交叉区。

本书中所讨论的数值模拟的内容是利用一个FORTRAN90代码完成的,它是由吕克·贝杰(Luc Bergé)博士(法国原子能与替代能源委员会①,阿尔帕容,

---

① Commissariat à l'EnergieAtomique et aux Energies Alternatives(the French Alternative Energies and Atomic Energy Commission,CEA),根据法国驻华使馆网页资料,法国原子能与替代能源委员会,简称原委会,是法国重要的研究、开发和创新机构,主要业务涵盖低碳能源(核能和可再生能源)、信息与卫生技术、特大型实验装置、国防与全球安全四大领域。——译者

法国）和斯特藩·斯库平（Stefan Skupin）教授友情提供（德国德累斯顿的马克思－普朗克复杂系统物理研究所①和德国耶拿大学凝聚态物质理论与光学研究所②）。代码使用 MPI（Message Passing Interface）库可进行并行计算。

本书来源于魏尔斯特拉斯应用分析与随机研究所（Weierstrass Institute for Applied Analysis and Stochastics，WIAS）和马克思·玻恩非线性光学与短脉冲光谱学研究所（Max Born Institute for Nonlinear Optics and Short Pulse Spectroscopy，MBI）的联合项目。所有模拟在 WIAS 的刀片集群欧拉服务器（惠普 CP3000BL）上运行。本书实验部分，使用了马克思－普朗克研究所的一台掺钛：蓝宝石再生放大系统（Spectra Physics Spitfire）。感谢尼伯林（Erik Nibbering）博士在使用激光器系统方面提供的友善帮助。

参考文献

[1] A. Braun, G. Korn, X. Liu, D. Du, J. Squier, G. Mourou, Self-channeling of high-peak-powerfemtosecond laser pulses in air. Opt. Lett. 20,73(1995)

[2] S. L. Chin, Y. Chen, O. Kosareva, V. P. Kandidov, F. Théberge, What is a filament? Laser Phys. 18,962(2008)

[3] M. Born, E. Wolf, *Principles of Optics*（Cambridge University Press, Cambridge, 1999）

[4] L. Berge, S. Skupin, R. Nuter, J. Kasparian, J. P. Wolf, Ultrashort filaments of light in weakly-ionized, optically transparent media. Rep. Prog. Phys. 70,1633(2007)

[5] A. Couairon, A. Mysyrowicz, Femtosecond filamentation in transparent media. Phys. Rep. 441, 47(2007)

[6] N. F. Pilipetskii, A. R. Rustamov, Observation of selffocusing of light in liquids. JETP Lett. 2, 88(1965)

[7] D. Strickland, G. Mourou, Compression of amplified chirped optical pulses. Opt. Commun. 56, 219(1985). ISSN 0030-4018

[8] R. R. Alfano, S. L. Shapiro, Observation of self-phase modulation and small-scale filaments incrystals and glasses. Phys. Rev. Lett. 24,592(1970)

---

① Max Planck Institute for the Physics of Complex Systems, Dresden, 德国马克思－普朗克研究所简称马普所, 马克思－普朗克复杂系统物理研究所为德国马普所的下属机构,位于德国德累斯顿市。——译者

② Friedrich Schiller University, Institute of Condensed Matter Theory and Optics, Jena, 耶拿大学全名耶拿市弗里德里希－席勒大学,位于德国耶拿市。——译者

［9］ H. Wille, M. Rodriguez, J. Kasparian, D. Mondelain, J. Yu, A. Mysyrowicz, R. Sauerbrey, J. P. Wolf, L. Wöste, Teramobile: a mobile femtosecond-terawatt laser and detection system. Eur. Phys. J. Appl. Phys. 20, 183 (2002)

［10］ K. Stelmaszczyk, P. Rohwetter, G. Mejean, J. Yu, E. Salmon, J. Kasparian, R. Ackermann, J. P. Wolf, L. Wöste, Long-distance remote laser-induced breakdown spectroscopy using filamentation in air. Appl. Phys. Lett. 85, 3977 (2004)

［11］ S. Tzortzakis, D. Anglos, D. Gray, Ultraviolet laser filaments for remote laser-induced breakdown spectroscopy (LIBS) analysis: applications in cultural heritage monitoring. Opt. Lett. 31, 1139 (2006)

［12］ I. Babushkin, W. Kuehn, C. Köhler, S. Skupin, L. Bergé, K. Reimann, M. Woerner, J. Herrmann, T. Elsässer, Ultrafast spatiotemporal dynamics of terahertz generation by ionizing two-colorfemtosecond pulses in gases. Phys. Rev. Lett. 105, 053903 (2010)

［13］ A. Houard, C. D'Amico, Y. Liu, Y. B. Andre, M. Franco, B. Prade, A. Mysyrowicz, E. Salmon, P. Pierlot, L. -M. Cleon, High current permanent discharges in air induced by femtosecond laserfilamentation. Appl. Phys. Lett. 90, 171501 (2007)

［14］ M. Mlejnek, E. M. Wright, J. V. Moloney, Dynamic spatial replenishment of femtosecond pulsespropagating in air. Opt. Lett. 23, 382 (1998)

［15］ Y. Silberberg, Collapse of optical pulses. Opt. Lett. 15, 1282 (1990)

［16］ S. Skupin, G. Stibenz, L. Berge, F. Lederer, T. Sokollik, M. Schnürer, N. Zhavoronkov, G. Steinmeyer, Self-compression by femtosecond pulse filamentation: experiments versusnumerical simulations. Phys. Rev. E 74, 056604 (2006)

［17］ C. Brée, A. Demircan, S. Skupin, L. Bergé, G. Steinmeyer, Self-pinching of pulsed laser beamsduring filamentary propagation. Opt. Express 17, 16429 (2009)

［18］ C. Brée, A. Demircan, S. Skupin, L. Bergé, G. Steinmeyer, Plasma induced pulse breaking infilamentary self compression. Laser Phys. 20, 1107 (2010)

［19］ C. Brée, J. Bethge, S. Skupin, L. Bergé, A. Demircan, G. Steinmeyer, Cascaded selfcompression of femtosecond pulses in filaments. New J. Phys. 12, 093046 (2010)

［20］ L. Berge, S. Skupin, G. Steinmeyer, Temporal self-restoration of compressed optical filaments. Phys. Rev. Lett. 101, 213901 (2008)

［21］ L. Bergé, S. Skupin, G. Steinmeyer, Self-recompression of laser filaments exiting a gas cell. Phys. Rev. A79, 033838 (2009). doi: 10. 1103/PhysRevA. 83. 043803

［22］ C. Brée, A. Demircan, J. Bethge, E. T. J. Nibbering, S. Skupin, L. Bergé, G. Steinmeyer, Filamentary pulse self-compression: the impact of the cell windows. Phys. Rev. A 83, 043803 (2011). doi: 10. 1103/PhysRevA. 83. 043803

［23］ I. G. Koprinkov, A. Suda, P. Wang, K. Midorikawa, Self-compression of high-intensity femtosecond optical pulses and spatiotemporal soliton generation. Phys. Rev. Lett. 84,3847(2000)

[24] V. Loriot,E. Hertz,O. Faucher,B. Lavorel,Measurement of high order Kerr refractive index of major air components. Opt. Express 17,13429(2009)

[25] V. Loriot,E. Hertz,O. Faucher,B. Lavorel,Measurement of high order Kerr refractive index of major air components:erratum. Opt. Express 18,3011(2010)

[26] A. Teleki,E. M. Wright,M. Kolesik,Microscopic model for the higher-order nonlinearity inoptical filaments. Phys. Rev. A 82,065801(2010)

[27] M. Kolesik,E. M. Wright,J. V. Moloney,Femtosecond filamentation and higher-order nonlinearities. Opt. Lett. 35,2550(2010)

[28] M. Kolesik,D. Mirell,J. -C. Diels,J. V. Moloney,On the higher-order Kerr effect in femtosecondfilaments. Opt. Lett. 35,3685(2010)

[29] Y. H. Chen,S. Varma,T. M. Antonsen,H. M. Milchberg,Direct measurement of the electron-density of extended femtosecond laser pulse-induced filaments. Phys. Rev. Lett. 105,215005 (2010)

[30] W. Ettoumi, P. Béjot, Y. Petit, V. Loriot, E. Hertz, O. Faucher, B. Lavorel, J. -P. Wolf, Spectral dependence of purely-Kerr-driven filamentation in air and argon. Phys. Rev. A 82,033826(2010)

[31] P. Bejot, J. Kasparian, S. Henin, V. Loriot, T. Vieillard, E. Hertz, O. Faucher, B. Lavorel, J. -P. Wolf, Higher-order Kerr terms allow ionization-free filamentation in gases. Phys. Rev. Lett. 104,103903(2010)

[32] J. Kasparian, P. Béjot, J. -P. Wolf, Arbitrary-order nonlinear contribution to self-steepening. Opt. Lett. 35,2795(2010)

[33] C. Brée,A. Demircan,G. Steinmeyer,Saturation of the all-optical Kerr effect. Phys. Rev. Lett. 106, 183902(2011). doi:10. 1103/PhysRevLett. 106. 183902

[34] M. Sheik-Bahae, D. J. Hagan, E. W. van Stryland, Dispersion and band-gap scaling of the electronic Kerr effect in solids associated with two-photon absorption. Phys. Rev. Lett. 65,96 (1990)

[35] M. Sheik-Bahae,D. C. Hutchings,D. J. Hagan,E. W. van Stryland,Dispersion of bound electronic nonlinear refraction in solids. IEEE J. Quantum Electron. 27,1296(1991)

[36] C. Brée,A. Demircan,G. Steinmeyer,Method for computing the nonlinear refractive indexvia Keldysh theory. IEEE J. Quantum Electron. 4,433(2010)

第2章

飞秒激光成丝的理论基础

　　本章讨论了飞秒激光成丝的理论建模问题。为了能够更详细地解释该现象,需要建立描述激光电场演化的动力学控制方程。此处仅考虑气体中的飞秒激光成丝问题,通过各向同性、均匀的、非可磁化电介质中的麦克斯韦方程组进行描述[1]。在飞秒的时间尺度上热效应不会出现,可以忽略不计。此外,现代激光光源产生的辐射呈现出高度定向性的特点,传输方程可以作进一步的简化。接下来,z 轴的正方向被选定为光束的传播方向,电场被分解成波矢为 $\boldsymbol{k}$ 的平面波。然后,对于沿 z 轴正方向传输的定向性光束,意味着 $k_z > 0$ 和 $k_\perp / |\boldsymbol{k}| \ll 1$,其中 $k_\perp$ 为横向波矢的模,即 $k_\perp = \sqrt{k_x^2 + k_y^2}$。通过这些假设,麦克斯韦方程组能以很高的精度进行因式分解[2-3],得到关于 z 的一阶偏微分方程,也就是前向麦克斯韦方程组(Forward Maxwell's Equation,FME)[4],它决定了定向性激光电场的演化。与麦克斯韦方程组相比,前向麦克斯韦方程组能极大地简化数值处理和加快计算速度。此外,前向麦克斯韦方程组能对现代的锁模飞秒激光光源产生的超短、超宽带(Ultra-broadband)激光辐射进行描述,后者产生的激光脉冲脉宽小于 10fs。对于光谱中心约 800nm 的激光辐射,这一脉宽相当于少于光载波的三个振荡周期。窄带光脉冲在克尔介质中的传输能用非线性薛定谔方程(Nonlinear Schrödinger Equation, NLSE)进行适当的描述[5],但慢变包络近似(Slowly Varying Envelope Approximation, SVEA)在零星周期脉冲(Few-cycle Pulses)情形下是失效的。不过,对脉冲和传输介质进行适当的限制,便能得到非线性包络方程(Nonlinear Envelope Equation, NEE)[6]。非线性包络方程是对参考文献[5]中非线性薛定谔方程的概括,并且已经证明是用来描述零星周期飞秒脉冲动力学的一个成功模型,也获得了相应的实验结果[7]。事实上,从历

史的角度来说,非线性包络方程可以被看作是更普遍的前向麦克斯韦方程的先驱工作。

对强激光辐射在电介质中的传输进行完整的描述,需要进一步对激光电场诱导的束缚电子响应而产生的电极化矢量 P 进行适当的建模。由于成丝激光光强在 $10^{13}\,\mathrm{W/cm^2}$ 量级[8],电极化矢量预计与电场强度呈非线性关系。此外,成丝实验中的激光光强已经高到足以电离介质的程度,导致了稀薄等离子体的形成。这引起了与电场耦合的非零电子密度 ρ 和电子电流密度矢量 J。然而,用于产生飞秒激光成丝的典型激光波长为 $800\mathrm{nm}$(掺钛:蓝宝石放大器的特征波长),对应光子能量约 $1.55\mathrm{eV}$。相比之下,与成丝实验有关的气体电离势为 $10\sim25\mathrm{eV}$。这就暗示了通过直接的(单光子)光电离无法将气体电离。更确切地说,电离是通过高度非线性的方式而发生的,如多光子或隧穿电离[9-10],这导致了 ρ 和 J 对激光电场强度具有相同的非线性依赖关系。

最后,本章的目的是阐明导致飞秒激光成丝远距离传输现象[11-13]以及其他物理特性的机理,并进行详细讨论。为了达到这一目的,设定了某些极限情形,在此情形下对包络方程进行了分析,以便可以区分出对特定现象有贡献的主导效应。

2.1　前向麦克斯韦方程组

用以描述介电材料中电磁场演化的麦克斯韦方程组,可以表示为关于电场矢量 E、介电位移矢量 D 和电流密度矢量 J 的一对矢量波方程,参见参考文献[1,8,14]。

$$\nabla(\nabla \cdot E) - \nabla^2 E = -\mu_0\left(\frac{\partial^2 D}{\partial t^2} + \frac{\partial J}{\partial t}\right) \tag{2.1}$$

$$\nabla \cdot D = \rho \tag{2.2}$$

式中:$D = \epsilon_0 E + P$ 为介电位移矢量,它解释了由激光电场诱导的电极化矢量 P 而产生束缚电荷密度(bound-charge density)。电极化矢量对应于激光电场诱导原子或分子偶极矩的系综平均(an ensemble average)。本书全部采用旁轴近似,假设激光束能通过傅里叶变换分解成波矢为 k 的平面波,波矢 k 满足条件:

$$k_\perp << |k| \tag{2.3}$$

因此 k 和光轴的夹角足够小。正如在本章引言部分所讨论的那样,由于激光束

呈现出高度定向性与低的光束发散特性,因此这是一个合理的假设。此外,电极化矢量可以分解为

$$\boldsymbol{P} = \boldsymbol{P}^{(1)} + \boldsymbol{P}_{NL} \tag{2.4}$$

第一项 $\boldsymbol{P}^{(1)}$ 随电场线性变化,第二项随电场非线性变化。因此,$\boldsymbol{P}^{(1)}$ 描述了经典的、线性光学现象,而非线性响应 $\boldsymbol{P}_{NL}$ 产生了非线性光学效应,并导致了光场的自相互作用。

对于各向同性、均匀的介质,$\boldsymbol{P}^{(1)}$ 与电场共线。接下来,一种通常很有用的做法是将方程(2.2)在频域进行表示。通过傅里叶变换 $\mathcal{F}$ 得到与函数 $G(t)$ 有关的频域对应量 $\hat{G}(\omega)$ 通过傅里叶变换 $\mathcal{F}$ 得到,本书将全部采用以下的约定:

$$\hat{G}(\omega) = \mathcal{F}[G](\omega) \equiv \frac{1}{2\pi}\int G(t)\, \mathrm{e}^{i\omega t}\mathrm{d}t \tag{2.5}$$

$$G(t) = \mathcal{F}^{-1}[\hat{G}](t) \equiv \int \hat{G}(\omega)\, \mathrm{e}^{-i\omega t}\mathrm{d}\omega \tag{2.6}$$

假设局部响应①,线性电极化矢量的频域表示可以写为[14]

$$\hat{\boldsymbol{P}}^{(1)}(\boldsymbol{r},\omega) = \epsilon_0 \chi^{(1)}(\omega)\hat{\boldsymbol{E}}(\boldsymbol{r},\omega) \tag{2.7}$$

一阶磁化率 $\chi^{(1)}$ 与依赖于频率的折射率指数 $n(\omega)$ 以及吸收系数 $\alpha(\omega)$ 有关,二者满足关系 $(n(\omega)+i\alpha(\omega)c/2\omega)^2 = \epsilon(\omega)$,其中介电常数由关系式 $\epsilon(\omega) = 1 + \chi^{(1)}(\omega)$ 给出。参考文献[3,8]中已经表明,如果旁轴判据方程(2.3)成立,同时非线性电极化矢量满足以下不等式:

$$\frac{|P_{NL,i}|}{\epsilon_0 n^2(\omega)} << |E_i| \tag{2.8}$$

则 $\nabla \cdot \boldsymbol{E} \approx 0$ 的近似是合理的。

其中,$k(\omega) := |\boldsymbol{k}| = n(\omega)\omega/c$ 为波矢的模,$i = x, y, z$ 为矢量分量下标。因此,利用方程(2.8),方程(2.2)的频域对应量可以写为

$$\frac{\partial^2 \hat{\boldsymbol{E}}}{\partial z^2} + k^2(\omega)\hat{\boldsymbol{E}} + \nabla_\perp^2 \hat{\boldsymbol{E}} = -\mu_0\omega^2\left(P_{NL} + i\frac{\hat{\boldsymbol{J}}}{\omega}\right) \tag{2.9}$$

其中,忽略了线性磁化率的虚部,采用实数介电函数 $\epsilon(\omega)$,即 $k^2(\omega) = \omega^2\epsilon(\omega)/c^2$。对飞秒激光脉冲在标准状况气体中的传输进行建模,作为一个合理的近似,线性损耗可以忽略不计[8]。如果没有另外说明,书中将全部采用后一个近似。

---

　　① 非局部响应介质在负折射率的形成中起到决定性的作用[15]。在这些介质中,磁化率 $\chi^{(1)}(\omega, \boldsymbol{k})$ 同时依赖于频率 ω 和波矢 $\boldsymbol{k}$。因此,方程(2.7)的非局部对应量包含了在空间域中的卷积。

此外,假设非线性响应是各向同性、均匀的。结合旁轴假设 $\nabla \cdot \boldsymbol{E} \approx 0$,可以对传输方程(2.9)中矢量分量 $\boldsymbol{E} = (E_x, E_y, E_z)$ 在传输中的进行解耦。假设初始激光电场是线偏振的,$\boldsymbol{E} = (E_x, 0, 0)$,光束在旁轴区传输始终保持线偏振,则全书中,将矢量用标量形式进行描述是合理的,令

$$\boldsymbol{E} = E\boldsymbol{e}_x, \quad \boldsymbol{P}_{NL} = P_{NL}\boldsymbol{e}_x, \quad \boldsymbol{J} = J\boldsymbol{e}_x \tag{2.10}$$

式中:$\boldsymbol{e}_x$、$\boldsymbol{e}_y$、$\boldsymbol{e}_z$ 为正交单位矢量。然而,应该要指出的是,对于大范围的非旁轴区,后一个假设无法满足,参考文献[16]中的最近研究已经证明,这会导致不同偏振态的非线性耦合。

虽然二阶波动方程(2.9)提供了对全模型方程(2.2)的一个方便的简化,然而旁轴判据与条件方程(2.8)二者却并未全部采用。事实上,正如参考文献[2-3,17]中指出的,二阶波动方程可因式分解为 z 方向的一阶微分方程,这极大地简化了对光束传输的数值模拟。该因式分解程序的详细推导可参见参考文献[2-3]。此时,该方法通过引入非齐次度(Inhomogeneity)为 h 的一维亥姆霍兹方程进行描述:

$$\frac{\partial^2 \hat{E}}{\partial z^2} + k^2 \hat{E} = \hat{h} \tag{2.11}$$

式中:$k = n(\omega)\omega/c$,$\hat{E}(z, \omega)$ 为时域电场 $E(z, t)$ 的频域表示。

通过 z 的傅里叶变换,$\hat{E}(z, \omega) \rightarrow \hat{E}_{\beta}(\beta, \omega)$,其中 β 表示共轭变量,得到方程:

$$\hat{E}_{\beta} = \frac{\hat{h}_{\beta}}{k^2 - \beta^2} \tag{2.12}$$

其中,使用了 $\widehat{\partial/\partial z} = -i\beta$,方程形式上是求解 $\hat{E}_{\beta}$。可证实,得出方程(2.12)的更正式的处理手段是对 β 作傅里叶变换:

$$G(\omega)(z, z') = \int d\beta \frac{e^{-i\beta(z-z')}}{k^2(\omega) - \beta^2} \tag{2.13}$$

相当于一维亥姆霍兹方程中的格林函数 $G(z, z')$。这允许根据下式对非齐次方程(2.11)构造一个解,

$$\hat{E}(z, \omega) = \int dz' G_{\omega}(z, z') \hat{h}(z', \omega) \tag{2.14}$$

但是,如果利用方程(2.12)和方程(2.13)来求解问题(2.11),必须提供合适的边界条件[2]。

注意到亥姆霍兹方程因式分解能通过方程(2.12)的分解而实现,依据以下方程[3]:

$$\hat{E}_\beta \equiv \frac{\hat{h}_\beta}{\beta^2 - k^2} = \hat{E}_\beta^+ + \hat{E}_\beta^- \tag{2.15}$$

其中,前向与后向传输电场分量$\hat{E}_\beta^\pm$通过下式定义:

$$\hat{E}_\beta^+ = -\frac{\hat{h}_\beta}{2k\beta} \frac{1}{\beta+k}, \hat{E}_\beta^- = \frac{\hat{h}_\beta}{2k\beta} \frac{1}{\beta-k} \tag{2.16}$$

沿 z 方向的亥姆霍兹方程因此等价于以下的一阶微分方程组:

$$(\partial_z + ik)\hat{E}^+ = \frac{\hat{h}}{2k}, (\partial_z - ik)\hat{E}^- = \frac{\hat{h}}{2k} \tag{2.17}$$

波场$E^\pm$对应于沿 z 轴正、负方向传输的波形。在线性情形下,它们各自独立演化。除了模拟激光脉冲在非线性情形下的传输时,非齐次度 h 可能依赖于电场 E 这一细微的不同之处以外,非齐次三维亥姆霍兹方程(2.9)可以进行几乎完全相似的因式分解。在这种情况下,因式分解过的亥姆霍兹方程前向、后向传输场分量是非线性耦合的。然而,参考文献[3]中已经表明,对于初始电场 $E = E^+ + E^-$,前向传输场分量E^+是主要分量,只要满足旁轴判据 $k_\perp / |k| \ll 1$ 和条件式(2.8),后向传输分量E^-在 z 传输方向上一直很小,就可以忽略不计。

如 2.3 节所述,在成丝传输时这些判据通常都能满足,证明了假设 $\hat{E} = \hat{E}^+$ 是合理的。因此,因式分解过程能得到关于前向传输场的一阶偏微分方程:

$$\frac{\partial \hat{E}}{\partial z} = \frac{i}{2k(\omega)}\nabla_\perp^2 \hat{E} + ik(\omega)\hat{E} + \frac{i\mu_0\omega^2}{2k(\omega)}\left(\hat{P}_{NL} + i\frac{\hat{J}}{\omega}\right) \tag{2.18}$$

该方程最初在参考文献[4]中作为一个出发点,用于分析光子晶体光纤中超连续谱的产生。方程(2.18)描述了非线性介质中的自由传输光脉冲,最近参考文献[18-19]给出了一个与前向麦克斯韦方程组类似方程的严格推导,用于描述导波结构中前向传输光脉冲。

2.2　非线性光学响应

本节主要关注材料在强激光场下的非线性响应。微扰非线性光学的基本假设是各向同性介质的非线性极化P_{NL}可分解为

$$P_{NL} = P^{(3)} + P^{(5)} + P^{(7)} + \cdots \tag{2.19}$$

接下来只对各向同性、中心对称材料进行分析,所有的偶次项 $P^{(2k)}$ 为零[20]。根据非线性响应遵守动力学方程的时间平移不变性的要求,可以得到时域下的 n 次项表达式为[①][22]

$$P^{(n)}(\boldsymbol{r},t) = \epsilon_0 \int_{-\infty}^{\infty} \mathrm{d}\tau_1 \int_{-\infty}^{\infty} \mathrm{d}\tau_2 \cdots \int_{-\infty}^{\infty} \mathrm{d}\tau_n R^{(n)}(\tau_1,\tau_2,\cdots,\tau_n) \times$$
$$E(\boldsymbol{r},t-\tau_1)E(\boldsymbol{r},t-\tau_2)\cdots E_n(\boldsymbol{r},t-\tau_n) \qquad (2.20)$$

在频域中化为

$$P^{(n)}(\boldsymbol{r},\omega) = \epsilon_0 \int \cdots \int \chi^{(n)}(-\omega_\sigma;\omega_1,\cdots,\omega_n) E(\boldsymbol{r},\omega_1)\cdots E(\boldsymbol{r},\omega_n) \times$$
$$\delta(\omega-\omega_\sigma)\mathrm{d}\omega_1\cdots\mathrm{d}\omega_n \qquad (2.21)$$

式中:$\omega_\sigma = \omega_1 + \omega_2 + \omega_3 + \cdots + \omega_n$,只考虑均匀介质,则其响应核函数 $R^{(n)}$ 和磁化率 $\chi^{(n)}$ 与位置无关。非线性极化的 n 次项通常被认为来源于 $n+1$ 个光子与束缚电子态的相互作用。从这个观点出发,那么被积函数中的 δ 函数确保光子能量守恒:$\hbar\omega = \hbar\omega_1 + \hbar\omega_2 + \cdots + \hbar\omega_n$。

2.2.1 对单色波的三阶响应

接下来,将讨论第一个非零项 $P^{(3)}$,对沿 z 轴正方向传输、频率为 ω_0、振幅为 E_0、波矢为 $k_0 \equiv k(\omega_0) = n(\omega_0)\omega_0/c$ 的单色平面波的影响。

$$E(\boldsymbol{r},t) = E_0\cos(\omega_0 t + kz + \varphi) \qquad (2.22)$$

利用余弦的欧拉公式,式(2.22)可以分解为

$$E(\boldsymbol{r},t) = \frac{1}{2}(\mathcal{A}\,\mathrm{e}^{\mathrm{i}\omega_0 t + \mathrm{i}k_0 z} + \mathcal{A}^*\,\mathrm{e}^{-\mathrm{i}\omega_0 t - \mathrm{i}k_0 z}) \qquad (2.23)$$

其中:

$$\mathcal{A} = E_0\,\mathrm{e}^{\mathrm{i}\varphi} \qquad (2.24)$$

利用方程(2.23),单色平面波诱导的三阶非线性极化的频域表示——方程(2.21)可以写为[20]

$$P^{(3)}(\omega) = \frac{3}{8}\epsilon_0\chi^{(3)}(-\omega_0;\omega_0,\omega_0,-\omega_0)|\mathcal{A}|^2\mathcal{A}\,\delta(\omega-\omega_0)\mathrm{e}^{\mathrm{i}kz} +$$
$$\frac{3}{8}\epsilon_0\chi^{(3)}(\omega_0;-\omega_0,-\omega_0,\omega_0)|\mathcal{A}|^2\mathcal{A}^*\,\delta(\omega+\omega_0)\mathrm{e}^{-\mathrm{i}kz} +$$

---

① 在线性极化情况下,不考虑利用波矢相关非线性磁化率 $\chi^{(n)}(\omega_1,\cdots,\omega_n,k_1,\cdots,k_n)$ 模拟空间色散。空间色散非线性包括非局部光学响应,它能由热效应引起或者可能出现在偶极玻色-爱因斯坦凝聚体中[21]。

$$\frac{1}{8}\epsilon_0 \chi^{(3)}(-3\omega_0;\omega_0,\omega_0,\omega_0)\mathcal{A}^3\delta(\omega-3\omega_0)e^{i3kz}+$$

$$\frac{1}{8}\epsilon_0 \chi^{(3)}(3\omega_0;-\omega_0,-\omega_0,-\omega_0)\mathcal{A}^{*3}\delta(\omega+3\omega_0)e^{-i3kz} \quad (2.25)$$

极化 $P^{(3)}$ 以频率 $\pm 3\omega_0$ 和 $\pm\omega_0$ 振荡。正如下面将要详细介绍的,后者引起了非线性折射率指数变化,前者对应于与基波共同传播的三次谐波的发生,也就是所谓的三次谐波现象(Third-Harmonic Generation,THG)。然而,式(2.25)表明极化波矢 $3k(\omega_0)$ 与辐射谐波波矢 $k(3\omega_0)$ 之间存在失配的情况,$\Delta k=k(3\omega_0)-3k(\omega_0)$,无论什么时候,介质总是显示出非平凡色散(Nontrivial Dispersion)$n(3\omega_0)\neq n(\omega_0)$[20]。通常来说,这将导致在不同位置处产生的三次谐波间的相消干涉,除非利用合适的相位匹配技术确保波矢失配 Δk 消失。因此接下来不考虑谐波发生,将注意力放在自诱导折射率改变上。

2.2.2　对光脉冲的三阶响应

方程(2.25)是由单色平面波假设而导出的,成丝现象只在激光脉冲具有 100GW 量级的极高峰值功率情况下才能观察到,然而单色光往往无法获得这么高功率。作为代替,只有能产生脉宽在数十飞秒超短脉冲激光光源,才能提供所需要的峰值光功率。因此,方程(2.25)用于超短光脉冲时必须要进行推广。通过引入所谓的复值解析信号,接下来的讨论得到极大地简化。利用方程(2.23)的分解结果,可以看到实值的单色波包含了正的和负的频率分量。利用任意实值函数 $F(t)$ 的傅里叶变换满足 $\hat{F}(-\omega)=\hat{F}^*(\omega)$,上述结果就能推广至电场的任意时间相关项。这揭示出了包含在 F 的负频率分量中的信息可以认为是冗余的,并且代替实值电场 E,接下来将考虑所谓的解析信号 E_A[19]。这由 E 的正频率分量组成,依据下式:

$$E_A(\boldsymbol{r},t)=2\int_0^\infty \mathrm{d}\omega\,\hat{E}(\boldsymbol{r},\omega)e^{-i\omega t} \quad (2.26)$$

从式(2.26)出发,很容易对电场进行重新构造:

$$E(\boldsymbol{r},t)=\frac{1}{2}(E_A(\boldsymbol{r},t)+E_A^*(\boldsymbol{r},t)) \quad (2.27)$$

此外,这对于将激光场解析信号 E_A 分解为包络项 $\mathcal{A}$,和载波频率为 ω_0 的指数振荡项也是有用的。

$$E_A(\boldsymbol{r},t)=\mathcal{A}(\boldsymbol{r},t)e^{-i\omega_0 t} \quad (2.28)$$

其中载波频率ω_0表示中心频率[23]:

$$\omega_0 = \frac{\int_{-\infty}^{\infty} \mathrm{d}\omega \, |\hat{E}|^2 \omega}{\int_{-\infty}^{\infty} \mathrm{d}\omega \, |\hat{E}|^2} \tag{2.29}$$

在频域中,定义(2.28)对应于恒等式$\hat{\mathcal{A}}(\boldsymbol{r},\omega) = \hat{E}_A(\boldsymbol{r},\omega+\omega_0)$,这表明$\mathcal{A}$具有零中频,对应于快速载流子以振荡频率$\omega_0$进行迁移,只留下脉冲包络。接下来,将对短激光脉冲方程(2.25)的推广进行讨论。然而,在大频率范围描述$\chi^{(3)}$色散的实验或理论数据通常相差几个数量级[24]。更可靠的数据是在单一频率下对$\chi^{(3)}$进行测量或计算得到。因此,此后假设脉冲的光谱带宽相对于$\chi^{(3)}$变化很明显的频率范围而言很小。那么,电磁脉冲诱导的阶极化可由下式给出[8]:

$$P^{(3)}(\boldsymbol{r},t) = \frac{3}{8}\epsilon_0 \chi^{(3)}(-\omega_0;\omega_0,\omega_0,-\omega_0)\, |\mathcal{A}(\boldsymbol{r},t)|^2 \mathcal{A}(\boldsymbol{r},t) \mathrm{e}_0^{-\mathrm{i}\omega_0 t} + \mathrm{c.\,c.}$$

$$\frac{1}{8}\epsilon_0 \chi^{(3)}(-3\omega_0;\omega_0,\omega_0,\omega_0)\, \mathcal{A}^3(\boldsymbol{r},t) \mathrm{e}_0^{-\mathrm{i}3\omega_0 t} + \mathrm{c.\,c.} \tag{2.30}$$

再次忽略以$3\omega_0$振荡的三次谐波产生项,三阶极化导致了折射率指数随强度相关的变化。这是由于,足够强的电磁场能使介质中的电子分布发生改变,这导致了折射率指数的变化。该效应也就是所说的全光克尔效应(the All-optical Kerr Effect)[25],注意不要与电光(直流)克尔效应(the Electro-optic (DC) Kerr Effect)产生混淆[26],后者是在材料中由静电场诱导的双折射。为进一步评价三阶项对强度相关折射率指数(Intensity Dependent Refractive Index,IDRI)的贡献,引入光强I很有用。由于电场能量密度与电场强度平方成正比,光强由下式给出[23]:

$$I(\boldsymbol{r},t) = \epsilon_0 c n_0 \frac{1}{T} \int_{t-T/2}^{t+T/2} E^2(\boldsymbol{r},t')\,\mathrm{d}t' \tag{2.31}$$

式中:$n_0 \equiv n(\omega_0)$表示中心频率处的折射率指数,对持续时间为$T = 2\pi/\omega_0$的一个光学周期取平均。要求在方程(2.28)中定义的包络$\mathcal{A}$相比于频率为ω_0的载波振荡是慢变的,上述用于周期平均强度(the Cycle-averaged Intensity)的关系式能写为

$$I = \frac{1}{2}n_0 \epsilon_0 c \, |\mathcal{A}|^2 \tag{2.32}$$

由于只包含三阶非线性极化,可以从方程(2.30)推断出由全光克尔效应导致的强度相关折射率指数(IDRI)为

$$n(I) = n_0 + n_2 I \tag{2.33}$$

其中 n_2 表示二阶非线性折射率指数,由下式给出:

$$n_2 = \frac{3}{4\,n_0^2 \epsilon_0 c} \chi^{(3)} \tag{2.34}$$

需要注意的是,对于后一个推导,同时忽略了线性与非线性吸收,可以令 $\operatorname{Im}\chi^{(1)} = \operatorname{Im}\chi^{(3)} = 0$。事实上,这种近似在飞秒激光成丝情况下通常都是合理的[8,12]。关于更高阶非线性折射与吸收系数,以及它们与非线性磁化率 $\chi^{(n)}$ 关系的更详细讨论见 2.3 节。实际上,它是第 4 章中最新实验结果[27-29]与理论研究两方面的主要结论之一:事实上,当 $n > 3$ 时,高阶非线性磁化率 $\chi^{(n)}$ 比之前设想的具有更重要作用。

2.2.3　等离子体响应

不仅是全光克尔效应,自由载流子也对非线性折射率指数具有重要贡献。事实上,飞秒激光成丝区的光强高到足以触发光电离过程。因此,飞秒激光脉冲能在自生等离子体中传输。考虑到光电离产生的自由载流子,电流密度 J 可以分解为

$$J = J_{\mathrm{FC}} + J_{\mathrm{PI}} \tag{2.35}$$

式中:J_{FC} 为电场 E 影响下的自由载流子电流密度;J_{PI} 解释了光电离产生的损耗。二者与前向麦克斯韦方程(2.18)结合。自由载流子动力学方程利用特鲁德模型(Drude Model)[30-31]进行处理,有下式:

$$\frac{\partial J_{\mathrm{FC}}}{\partial t} + \frac{J_{\mathrm{FC}}}{\tau_c} = \frac{q_e^2 \rho}{m_e} E \tag{2.36}$$

式中:q_e 和 m_e 分别为电子电荷与质量;ρ 为单位体积内的自由载流子数;τ_c 为自由载流子碰撞平均时间间隔。

在频域,方程(2.36)形式上能通过傅里叶变换 $\widehat{J_{\mathrm{FC}}}$ 进行求解,发现方程(2.18)中自由载流子电流由下式给出[8]:

$$-\frac{\mu_0 \omega}{2k(\omega)} \widehat{J_{\mathrm{FC}}} = \frac{1}{2k(\omega)} \left(-\frac{\omega n_0 \sigma(\omega)}{c} - i\,\frac{\omega_0^2}{c^2 \rho_c (1 + \nu_e^2/\omega^2)} \right) \widehat{\rho E} \tag{2.37}$$

式中:$n_0 = n(\omega_0)$ 为载流子频率 $\nu_e = 1/\tau_c$ 处的折射率指数;$\rho_c = \omega_0^2 m_e \epsilon_0 / q_e^2$ 为自由载流子的临界密度,此时等离子体对载波频率为 ω_0 的激光束变得不透明。自由载流子的碰撞横截面由下式给出:

$$\sigma(\omega) = \frac{q_e^2}{m_e \epsilon_0 n_0 c \, \nu_e (1 + \omega^2 / \nu_e^2)} \tag{2.38}$$

方程(2.37)中,包含横截面 $\sigma(\omega)$ 的损耗项解释了在激光场中加速的自由载流子引起的碰撞电离。由于该过程消耗电磁场能量,这通常被称为逆韧致辐射。

相比之下,包含 $\widehat{\rho E}$ 的纯虚数前因子(the Purely Imaginary Prefactor)的项,对应于等离子体引起的折射率指数变化,这将在下面进行讨论。

此外,中性原子的直接光电离从激光场中获取能量。这要求引入损耗电流项[8]:

$$J_{\mathrm{PI}} = \frac{k_0}{\omega_0 \mu_0} \frac{U_i w(I)}{I} (\rho_0 - \rho) E \tag{2.39}$$

这一量依赖于气体组分的电离势 U_i 和中性密度 ρ_0。此外,还依赖于电离速率 $w(I)$。在强激光场影响下的原子或分子电离速率的理论推导,已由不同的研究人员给出[10,32-36]。本书中,利用了佩雷洛莫夫(Perelomov)、波波夫(Popov)和捷连季耶夫(Terent'ev)(PPT)的结果[32,35]。对 PPT 模型的更深入探讨见第 4 章。由于电离与光强呈高度非线性关系,假设只有接近载波频率 ω_0 的脉冲频率分量对电离过程有贡献是合理的。因此,对碰撞横截面全部进行置换:$\sigma(\omega) \to \sigma(\omega_0)$。因此,自生等离子体的密度 ρ 满足速率方程:

$$\frac{\partial \rho}{\partial t} = w(I)(\rho_0 - \rho) + \frac{\sigma(\omega_0)}{U_i} \rho I \tag{2.40}$$

成丝过程中的典型时间尺度在 $10^{-14} \sim 10^{-13}\,\mathrm{s}$ 量级,而离子与电子的复合发生在纳秒时间尺度上。因此,在方程(2.40)中忽略复合效应是合理的。方程(2.40)右边第一项解释了光电离,第二项模拟了碰撞电离对电子密度的贡献。

2.3 对非线性折射率指数的贡献

2.3.1 等离子体贡献

对频率为 $\omega = \omega_0$ 的单色平面波情况,有 $k(\omega) = k(\omega_0) = k_0$ 和 $n(\omega) = n(\omega_0) = n_0$,前向麦克斯韦方程(2.18)简化为

$$\frac{\partial \hat{E}}{\partial z} = -i \frac{\omega_0}{c} (n_0 + \Delta n_p) \hat{E} \tag{2.41}$$

此外,由于 $\nu_e \to 0$,碰撞电离损耗与非线性极化都可以忽略。这表明对于 $\nu_e = 0$,

自由载流子对折射率指数的贡献由 $\Delta n_p = -\rho/2\, n_0^2 \rho_c$ 给出。相比之下，利用无碰撞等离子体的特鲁德模型与波动方程(2.9)，结果表明具有中性折射率指数 n_0 的介质中，等离子体的存在减小了折射率指数，有[37]

$$n = \sqrt{n_0^2 - \frac{\omega_p^2}{\omega^2}} \qquad (2.42)$$

式中：$\omega_p = \sqrt{\rho q_e^2 / m_e \epsilon_0} = \omega_0 \sqrt{\rho/\rho_c}$ 为等离子体频率。一个显著的矛盾来自前向麦克斯韦方程组引入的近似：用于说明线性极化的项 $k^2(\omega)\hat{E}$ 依赖于波矢 k 的平方，而与电流密度 J_{FC} 呈线性关系。相比之下，由于因式分解，线性极化在方程(2.9)右边产生了项 $k(\omega)\hat{E}$，而包含电流的项并未受到因式分解的影响，依然呈线性关系。然而，对于 $\rho \ll \rho_c$ 的情况，方程(2.42)可以近似为

$$n = n_0 - \frac{\rho}{2\, n_0^2 \rho_c} \qquad (2.43)$$

这对应于从前向麦克斯韦方程组得到的等离子体诱导折射率指数变化。这样一来，不等式 $\rho \ll \rho_c$ 提供了一个判断前向麦克斯韦方程组有效性的额外判据。这里列举一个具有实际关联性的例子，考虑掺钛:蓝宝石放大器(中心波长 $800\,nm$)辐射的脉冲飞秒激光束的成丝传输。假设脉冲在一个大气压下的气体介质中传输，电离粒子占比在 10^{-3} 数量级[38]，即 $\rho \approx 3 \times 10^{16}\,cm^{-3}$，给定波长下的临界等离子体密度为 $\rho_c \approx 2 \times 10^{21}\,cm^{-3}$。在这些假设下，飞秒激光光丝中的等离子体诱导折射率指数变化在 $\rho/\rho_c \approx 10^{-5}$ 数量级，这证明前向麦克斯韦方程(2.18)引入的近似是合理的。

2.3.2 全光克尔效应的贡献

线性光学中，折射率指数 n_0 和吸收系数 α_0 与复介电常数 ϵ 的关系由下式给出：

$$(n_0 + i\alpha_0 c/2\omega)^2 = \epsilon \qquad (2.44)$$

利用电位移矢量满足的公式：

$$\hat{D} \equiv \epsilon_0 \epsilon\, \hat{E} = \epsilon_0 \hat{E} + \hat{P}^{(1)} \qquad (2.45)$$

以及用于线性极化 $\hat{P}^{(1)}$ 的方程(2.7)，由此得到 $\epsilon(\omega) = 1 + \chi^{(1)}(\omega)$。如果假设光脉冲 E 的光谱带宽与其频率尺度相比很小，此时非线性磁化率 $\chi^{(n)}$ 具有明显色散，则上述结果可以推广到非线性光学。与得到三阶磁化率 $\chi^{(3)}$ 方程(2.30)

的推理过程类似,引入了包络描述(方程(2.28)),用于确定对非线性极化$P^{(n)}$有贡献的自折射项。这得到了与强度有关的介电常数[39]:

$$\epsilon(I) = 1 + \chi^{(1)}(\omega_0) + \sum_{k \geq 1} C^{(k)} \chi^{(2k+1)}_{\omega_0} |\mathcal{A}|^{2k} \tag{2.46}$$

其中,强度 I 通过方程(2.32)与包络 $\mathcal{A}$ 相关。因子 $C^{(k)}$ 是一个复合项[40],由下式给出:

$$C^{(k)} = \frac{(2k+1)!}{2^{2k} k! (k+1)!} \tag{2.47}$$

$\chi^{(n)}_{\omega_0}$ 表示与自折射有关的 n 阶非线性磁化率。例如,对于三阶极化,$\chi^{(3)}_{\omega_0} = \chi^{(3)}(-\omega_0, \omega_0, \omega_0, -\omega_0)$,其中 $\chi^{(1)}(\omega_0)$ 表示频率 ω_0 处的线性磁化率。根据方程(2.46),非线性折射率指数 $n(I)$ 与非线性吸收系数 $\alpha(I)$ 通过对方程(2.44)进行推广得到,有

$$(n(I) + i\alpha(I)c/2\omega)^2 = \epsilon(I) \tag{2.48}$$

如果假设非线性折射率变化 $\Delta n(I) = n(I) - n_0$ 与吸收系数变化 $\Delta \alpha(I) = \alpha(I) - \alpha_0$ 足够小,那么只需考虑这些量的一阶贡献,则能得到 $n(I)$ 与 $\alpha(I)$ 的简化近似表达式。此外,假设线性吸收系数 α_0 满足 $\alpha c/\omega << n_0$[22],则可以得到以下的非线性折射率指数与非线性吸收系数表达式:

$$n(I) = n_0 + \sum_{k \geq 1} n_{2k} I^k$$
$$\alpha(I) = \alpha_0 + \sum_{K \geq 2} \beta_k I^{K-1} \tag{2.49}$$

按照下式,系数 n_{2k} 与 β_k 分别与非线性磁化率 $\chi^{(2k+1)}$ 的实部和虚部有关:

$$n_{2k} = \frac{2^{k-1} C^{(k)}}{n_0 (n_0 \epsilon_0 c)^k} \mathrm{Re}\, \chi^{2k+1} \tag{2.50}$$

$$\beta_K = \frac{\omega_0}{c} \frac{2^{K-1} C^{K-1}}{n_0 (n_0 \epsilon_0 c)^{K-1}} \mathrm{Im}\, \chi^{2K-1} \tag{2.51}$$

注意到在定义非线性折射率指数时采用的近似,与得到前向麦克斯韦方程采用的近似式(2.8)紧密联系,这是很有趣的。事实上,按照折射率指数变化的观点,以 P_{NL} 作为条件,其自身可以变为 $\Delta n(I) << n_0$。

第4章中表明稀有气体氦、氖、氩、氪、氙的非线性诱导折射率指数变化 Δn 很小,它们是飞秒激光成丝实验中经常使用的介质。对于这些气体,在光强高达40TW/cm^2(氙)和300TW/cm^2(氦)时,Δn 分别对应为 10^{-5} 和 10^{-7}。通过近似式(2.49)引入的误差在 Δn^2 数量级,前向麦克斯韦方程的使用明显是合理的。

2.4　零星周期光脉冲的包络方程

通过对包络 $\mathcal{A}$ 进行一定的约束可以对前向麦克斯韦方程组做进一步简化。除了假设包络随时间慢变,还必须强制令包络在空间坐标轴 z 方向是慢变的。因此,接下来除了减去随时间以 ω_0 振荡的载波振荡项,还有必要减去沿传输方向 z 的空间振荡项。这些振荡项由波矢的 z 方向分量 k_z 决定。然而,人们发现在假设旁轴传输时,有 $k_\perp/|\boldsymbol{k}| \ll 1$,这等价于 $k_z \approx k_0$。电场可以用同时随时间和空间慢变的振幅项重新写为

$$E(\boldsymbol{r},t) = \sqrt{c_1}\left(\varepsilon(\boldsymbol{r},t)\,\mathrm{e}^{ik_0 z - i\omega_0 t} + \varepsilon^*(\boldsymbol{r},t)\,\mathrm{e}^{-ik_0 z + i\omega_0 t} \right) \tag{2.52}$$

选择归一化因子 $c_1 = \mu_0/(n_0^2 \epsilon_0)$ 使得 $I = |\epsilon|^2$。包络 ε 与 $\mathcal{A}$ 通过关系式 $\varepsilon = \mathcal{A}\exp(-ik_0 z)/2\sqrt{c_1}$ 联系起来。令包络 ε 同时随 t 和 z 慢变的要求可写为

$$\left| \frac{\partial}{\partial z}\varepsilon \right| \ll k_0 |\varepsilon| \tag{2.53}$$

和

$$\left| \frac{\partial}{\partial t}\varepsilon \right| \ll \omega_0 |\varepsilon| \tag{2.54}$$

这些约束构成了慢变包络近似(SVEA)[41]。利用这些条件,得到了包络 ε 的关于 z 的简单一阶偏微分方程[5],其中,忽略了等离子体响应和高于三阶的非线性磁化率,这对应于非线性薛定谔方程,可参见附录 A 中的数学简介。在非线性光学发展的早期,该方程被成功地用于解释各种现象。然而,在描述如超宽带脉冲的飞秒激光光丝时,慢变包络近似是失效的。这是基于这样的事实,对于超宽带脉冲,慢变包络并不是一个有意义的概念,尤其是对于仅仅包含少数几个周期(a few - cycles)的光学载波场。然而,能描述零星周期脉冲传输的广义包络方程能从前向麦克斯韦方程组得到,有[6]

$$\partial_z \varepsilon = \frac{i}{2k_0}T^{-1}\Delta_\perp \varepsilon + iD\varepsilon + i\frac{\omega_0}{c}n_2 T|\varepsilon|^2 \varepsilon - i\frac{k_0}{2\rho_c}T^{-1}\rho(I)\varepsilon -$$

$$\frac{\sigma}{2}\rho\varepsilon - \frac{U_i w(I)(\rho_{nt}-\rho)}{2I}\varepsilon \tag{2.55}$$

$$\partial_t \rho = w(I)(\rho_{nt}-\rho) + \frac{\sigma}{U_i}\rho I \tag{2.56}$$

上述方程也被称为非线性包络方程,只考虑三阶非线性磁化率 $\chi^{(3)}$。此外,对群

速度为 $v_g(\omega) = (\mathrm{d}k(\omega)/\mathrm{d}\omega)^{-1}$ 的激光脉冲随动坐标系实施变量代换 $t \to t - z/v_g(\omega_0)$，对于标况下的气体介质令 $v_g \approx c$。算符 T 确保了零星周期区域中模型的正确性，有

$$T = 1 + \frac{i}{\omega_0}\partial_t \qquad\qquad (2.57)$$

其中算符 $\mathcal{D}$ 在频域中由下式给出：

$$\hat{\mathcal{D}}(\omega) = k(\omega) - k_0 - (\omega - \omega_0)\frac{\partial k}{\partial \omega}\bigg|_{\omega=\omega_0} \qquad (2.58)$$

对该表达式的泰勒展开式进行傅里叶变换，得到算符 $\mathcal{D}$ 在时域中的表达式如下：

$$\mathcal{D} = \frac{1}{2!}\beta_2\frac{\partial^2}{\partial t^2} + \frac{1}{3!}\beta_3\frac{\partial^3}{\partial t^3} + \cdots \qquad (2.59)$$

在 $\omega = \omega_0$ 处求解，$\beta_n = \mathrm{d}^n k/\mathrm{d}\omega^n$，傅里叶变换 $\mathcal{F}$ 满足：

$$\mathcal{F}^{-1}(\omega\,\hat{G}(\omega)) = i\frac{\mathrm{d}}{\mathrm{d}t}G(t) \qquad (2.60)$$

算符 $\mathcal{D}$ 描述了脉冲在时间上的色散，这是由于脉冲的不同频率分量会以不同的速度传输。对于窄带脉冲，通常采用保留有限阶次的幂级数表示方程 (2.59) 就足够了。然而，对于超宽带脉冲，采用关于 $n(\omega)$ 的泽尔迈尔 (Sellmeier) 型方程来计算 $\mathcal{D}(\omega)$ 更合适[41-42]。另外，在光纤光学情况下，一种最新的方法是利用有理函数对 $\mathcal{D}(\omega)$ 近似[43]。T 的频域表示 $\hat{T}$ 写为

$$\hat{T} = 1 + \frac{\omega}{\omega_0} \qquad\qquad (2.61)$$

令前向麦克斯韦方程 (2.18) 右边的 $k(\omega) \approx n_0\omega/c$，则得到该算符，假设载波波长远离介质的谐振波长，此时 $n(\omega)$ 具有弱色散。随后，在与 ω 有关的前因子 $\hat{E}$、$\hat{P}_{NL}$ 和 $\hat{J}$ 中，利用了恒等式 $\omega = \omega_0(1 + (\omega - \omega_0)/\omega_0)$。注意到 $\omega - \omega_0 \to i\partial_t$，其中 ∂_t 限制仅作用于脉冲包络 ε，则得到算符 T。利用这些近似，通过傅里叶变换到时域得到包络方程 (2.55)。假设电场 E 满足下式，则该包络方程很适合模拟零星周期脉冲的传输：

$$\left|\frac{\partial E}{\partial z}\right| \ll k_0|E| \qquad\qquad (2.62)$$

当电场沿 z 方向传输变化很慢时，式 (2.62) 成立。因此，导致非线性包络方程的近似就被称为慢变波近似 (Slowly Evolving Wave Approximation，SEWA)。注

意到慢变包络近似(SVEA)对应于在非线性包络方程(2.55)中令 $T=1$。与慢变包络近似不同,慢变波近似没有对脉宽的限制,可以用来模拟介质中零星周期脉冲的传输,但同时需要以下的附加限定:

$$\left|k_0 - \frac{\omega_0}{v_g(\omega_0)}\right|/k_0 \ll 1 \qquad (2.63)$$

即要求群速度和相速度只相差很小。

历史上,广义包络方程由布拉贝克(Brabec)和克劳兹(Krausz)先于前向麦克斯韦方程组得出。然而,正如上面指出的,包络方程(2.55)能以相当直接的方式,从更广义的前向麦克斯韦方程组中得出。当研究光丝中的波混频现象,如三次谐波产生或和频时,显然更愿意采用前向麦克斯韦方程组而不是包络描述[44]。然而,在本书中只考虑自折射效应,因为在飞秒激光光丝中三次谐波生成(THG)辐射是典型的不充分相位匹配的,可以忽略不计。更进一步,类似于前向麦克斯韦方程组,正如上述引用参考文献中所示,非线性包络方程提供了一个描述零星周期脉冲传输的有效模型。

因此,对于本书考虑的输入脉冲参数,方程(2.55)和方程(2.56)适合用来描述介质中的飞秒激光成丝。

2.4.1　柱对称情形的简化

通过引入附加的对称约束条件,即关于传输方向 z 柱对称,数值求解方程(2.55)的复杂度将极大地降低。正如第 2.5 节中讨论过的,演化方程(2.55)受到方位角调制不稳定性的影响,这将使小振幅被放大,同时,柱对称光束的径向不对称扰动也会导致柱对称损耗,甚至是光束的空间破碎,也就是通常所说的多丝现象。但是,由参考文献[45]的实验观测结果来看,一般来说输入激光功率不超过 $5 \sim 6\,P_{cr}$ 时[45],入射光束在成丝传输时可以保持径向对称性,其中 P_{cr} 为自聚焦临界功率,详细讨论见第 2.5 节。在后一项实验中,掺钛:蓝宝石再生放大器辐射的 45fs、5mJ 的脉冲聚焦到一个 1.5m 长、充满氩气的圆柱形气体容器中。对于所选的输入光束参数,上述对输入功率的限制转换成对压强的限制,要求氩气气体池中的压强低于 60kPa,因此限制了非线性折射率 n_2。或者,利用可调光阑减小输入脉冲能量。的确,一个经过仔细调节的光阑被证明是避免产生多丝的适宜手段[46]。在这些假设下,足以得到方程(2.55)的柱对称解 $\varepsilon(r,z,t)$。在这种情况下,方程(2.55)中的拉普拉斯算符可简化为其径向分量:

$$\Delta_\perp = (1/r)\partial_r r \partial_r \qquad (2.64)$$

其中:径向坐标由 $r = \sqrt{x^2 + y^2}$ 给出。

2.5 成丝传输特性

接下来,考虑包络方程(2.55)的各种限定情况,并对相应状态下的相关现象进行讨论。

2.5.1 色散

色散通常是指依赖于频率的某些材料特性,对外加光场的响应,如折射率指数 $n = n(\omega)$ 或者非线性磁化率[14]。在线性光学中,外加光场诱导了与频率有关的极化,这可能导致传输时辐射光脉冲的整形,因为脉冲的不同频率分量在介质中传输具有不同的相速度。忽略非线性响应项,并假设脉冲足够长以至于能应用慢变包络近似,那么在方程(2.55)中令 $T = 1$ 是一个合理的近似。此外,只考虑沿 z 轴正方向传输的平面波。由此非线性包络方程简化为

$$\partial_z \varepsilon = iD\varepsilon \tag{2.65}$$

色散算符解释了由 β_2 决定的群速度色散(Group-Velocity Dispersion,GVD)、由 β_3 决定的三阶色散(Third-Order Dispersion,TOD)和高阶色散项[41]。此处,将讨论群速度色散对初始高斯型时域曲线的影响:

$$\varepsilon(0,t) = N(0)e^{-t^2/t_p(0)^2} \tag{2.66}$$

忽略所有高阶项,只考虑群速度色散,对方程(2.65)积分得到[41]

$$\varepsilon(z,t) = N(z)e^{-t^2/t_p^2(z) - iC(z)t^2/t_p^2(z)} \tag{2.67}$$

利用:

$$N(z) = \frac{N(0)}{\sqrt{1 - i\frac{z}{L_D}}}, t_p(z) = t_p(0)\sqrt{1 + (z/L_D)^2}, C(z) = z/L_D \tag{2.68}$$

式中:$L_D = t_p^2(0)/2|\beta_2|$。归一化常数 $N(z)$ 与脉宽 $t_p(z)$ 的表达式表明,脉冲振幅沿 z 方向减小,脉宽 $t_p(z)$ 沿 z 方向增加。啁啾因子 $C(z)$ 表明,群速度色散在脉冲中引入了一个线性频率啁啾。在接下来介绍脉冲压缩技术的一章中,可以找到对啁啾高斯型脉冲的讨论内容。这些过程发生的特征长度尺度由 L_D 表示。

当群速度色散 β_2 引起脉冲包络一个对称的时间展宽时,奇数阶次项 β_{2k+1} 则引起一个非对称的时间伸展。特别是,三阶色散对高斯型脉冲的影响能通过艾里函数进行解析描述[41]。在成丝时,具有代表性的是将脉冲飞秒激光束聚焦

到一个大气压下的稀有气体或空气中。但是,此时展现的色散特性相对比较弱[42]。例如,标准条件下的氩气,$\beta_2 = 0.2\text{fs}^2/\text{cm}$,对于50fs的初始脉冲,特征长度为$L_D = 62.5\text{m}$。事实上,我们可以估计只有对于初始脉宽小于10fs的脉冲,群速度色散才是有意义的,此时L_D与成丝传输实验研究中数量级约1m的典型传输距离接近。

2.5.2　自相位调制

自相位调制(SPM)源于折射率指数对光强的相关性,$n = n_0 + n_2 I$。这一非线性效应能引起光脉冲足够大的光谱展宽,导致形成白光超连续谱。参考文献[47]中首次在凝聚态介质中观察到这一现象。

为了研究其对激光脉冲演化的影响,假设光强足够低而不会触发光电离。进一步假设能采用慢变包络近似,形成了脉冲必须远远长于光学周期这一条件,使得在方程(2.55)中令$T = 1$。如果进一步假设色散长度L_D很大,就可以忽略色散,令$D = 0$。根据$\varepsilon(z,t) = |\varepsilon(z,t)|\,\text{e}^{-\text{i}\phi(z,t)}$,对沿$z$方向传输的平面波复数包络$\varepsilon(z,t)$进行极坐标分解,从动力学方程(2.55)中可以推断出,脉冲的时域相位$\phi(z,t)$能导致自诱导时域相移[12,20],有

$$\phi(z + \Delta z, t) = \phi(z,t) - \frac{\omega_0}{c}n_2 |\varepsilon(z,t)|^2 \Delta z \tag{2.69}$$

由式(2.69),自相位调制诱导的瞬时频率改变为瞬时相位$\phi(t)$对时间的导数,通过下式给出:

$$\Delta\omega(t) = -\frac{\omega_0}{c}n_2 \frac{\partial}{\partial t} |\varepsilon(z,t)|^2 \Delta z \tag{2.70}$$

假设脉冲为高斯型的时间波形$\varepsilon \sim \exp(-t^2/t_p^2)$,自相位调制诱导的瞬时频率改变满足:

$$\Delta\omega(t) \sim t\,\text{e}^{-t^2/t_p^2} \tag{2.71}$$

这揭示出自相位调制作用于脉冲前沿($t < 0$)产生光谱红移,后沿($t > 0$)产生蓝移。总之,自相位调制产生了新的光谱量,导致脉冲的频谱展宽[20,41]。在上述近似下,自相位调制只影响时间相位,时间波形$|\varepsilon(z,t)|$保持不变。当色散无法再忽略时,这就不再是正确的了。为简单起见,假设脉冲只受群速度色散影响,那么当标准群速度色散($\beta_2 > 0$)和自相位调制联合作用时,会导致发生光学波破碎现象(Optical Wavebreaking)[41]。由于脉冲前、后沿的陡峭,这变得引人注意了,反过来导致群速度色散对陡峭脉冲沿的显著影响。后者引起脉冲包络

前、后沿的快速振荡。明显的光谱旁瓣的形成是光学波破碎的频域对应。

如果初始脉冲是时间对称的,那么当脉冲沿z方向传输时,前述的群速度色散与自相位调制相互作用时也保持对称性。然而,当脉宽接近光学周期时,情况则明显不同。在这种情形下,算符T在方程(2.55)中变得十分重要,它用以进行合理的物理描述,对于零星周期状态下描述自相位调制的动力学方程为

$$\partial_z \varepsilon = -i \frac{\beta_2}{2} \frac{\partial^2}{\partial t^2} \varepsilon + i \frac{\omega_0}{c} n_2 T \mid \varepsilon \mid^2 \varepsilon \tag{2.72}$$

此处,算符T被认为解释了群速度的光强依赖性。对于正的n_2,要考虑到脉冲强度更高的部分传输得更慢,相对于强度更弱的部分有延迟。这一行为导致脉冲后沿的陡峭,而前沿并未受到陡峭效应影响。这一典型的非对称效应被称为自陡峭[48]。除了时间脉冲波形具有典型的非对称性,零星周期域中的自相位调制同样导致了光谱的严重不对称。事实上,当包络表现出很强的时间梯度时,会由自相位调制产生非常明显的新频率分量。因此,相比于脉冲的缓慢上升前沿由自相位调制产生的长波端频率,在脉冲的陡峭后沿,短波端光谱量的产生被极大地增强了。由此可见在自相位调制影响下的零星周期脉冲,呈现出典型的非对称光谱,具有很明显的蓝移光谱尾翼。此外,因为短波端的光谱分量主要在脉冲的自陡峭后沿附近产生,它们被强烈的定域在时域,导致了蓝移光谱范围内接近平坦的光谱相。

2.5.3 自聚焦

除了时间相位调制引起的光谱展宽与光学波破碎,强度相关折射率指数(IDRI)能导致脉冲的空间相位调制。假设单色连续光在具有零等离子体响应的介质中传输,在这种状态下,令$\varepsilon = \varepsilon(x, y, z)$,$T = 1$和$D = W = \rho = 0$,得到简化方程[5]:

$$\partial_z \varepsilon = \frac{i}{2} \frac{1}{k_0} \Delta_\perp \varepsilon + i \frac{\omega_0}{c} n_2 \mid \varepsilon \mid^2 \varepsilon \tag{2.73}$$

这是二维横向空间维度(x, y)的非线性薛定谔方程,同时具有一个对应于传输方向z的维度。它对应于亥姆霍兹方程的旁轴近似,并增加了强度相关折射率指数的贡献$n = n_0 + n_2 I$。折射率指数的非线性部分引起了空间相位的自诱导调制:

$$\phi(x, y, z) \rightarrow \phi(x, y, z) + \frac{\omega_0}{c} n_2 I(x, y, z) \Delta z \tag{2.74}$$

对于一个高斯型脉冲,n_2 为正,那么自诱导空间相位表现为负曲率,呈现为聚焦透镜的作用。这可以导致光束的持续性自聚焦,一直到光强爆破(the Intensity Blows Up),参考文献[49]中首次观察到了这种现象。非线性薛定谔方程能通过一些近似方法进行分析,如考虑光线在自诱导折射率指数剖面中的传输,或者另外采用动量法[50]。所有这些近似法都预测,在具有正 n_2 的介质中,当给定的光功率 $\int |\varepsilon(x,y,z)|^2 dx dy$ 超过了某个临界值 P_{cr} 时,高斯型光束将倾向于自聚焦,直到在有限的距离 z_{cr} 处强度振幅出现爆破,并且此时数值解开始发散。临界功率的数值在不同的近似方法下略有不同。对方程(2.74)的解析处理可以给出自聚焦临界功率为[50-52]

$$P_{cr} = \frac{11.69 \, \lambda^2}{8 \, \pi^2 n_0 n_2} \tag{2.75}$$

此处,P_{cr} 为某个特定横向剖面的光功率,即所谓的汤斯模(Townes Mode)[52],给出了方程(2.73)的一族定态解。采用非线性薛定谔方程对自聚焦的详细数学讨论,可以在附录 A 中找到。可以发现,任意形状的光束,如果其光功率 P 满足 $P < P_{cr}$,则不会坍缩[53]。因此,$P > P_{cr}$ 提供了一个坍缩发生的必要但非充分条件。对于高斯光束,除非 $P > P_{cr}^G \approx 1.02 \, P_{cr}$,否则坍缩不会发生[50]。注意到临界功率通常采用的近似值由 $P_{cr} = \lambda_0^2/(2\pi n_0 n_2)$ 给出,本书全部采用该近似值。正如第 3.1 节所述,该近似值可采用变分法得出(见附录 A)。该变分法与前述的动量法非常接近。同样,必须要强调汤斯分布(the Townes Profile)提供了方程(2.75)的一个定态、非稳定的解[53-55]。这是基于这样的事实:任意小的扰动将导致汤斯模的坍缩或衰变。在这方面,汤斯解与反常色散区 $\beta_2 < 0$ 中很常见的光纤孤子不同[41],后者由与方程(2.74)类似的(1+1)维非线性薛定谔方程决定并且是无条件地稳定。在 $z = 0$ 处束腰半径为 w_0 的高斯型光束在有限传输距离 z_{cr} 处坍缩的半经验公式由马尔堡(Marburger)给出[56],按照下式:

$$z_{cr} = \frac{0.376 z_0}{\sqrt{\left(\sqrt{\frac{P_{in}}{P_{cr}}} - 0.852\right)^2 - 0.0219} + \frac{z_0}{f}} \tag{2.76}$$

式中:$z_0 = \pi n_0 w_0^2 / \lambda_0$ 为准直高斯光束的瑞利长度;$f = R/2$ 为焦距,R 为光束波前的曲率半径。对该公式的详细分析表明,z_{cr} 比 f 小,也就是说光束坍缩位置比线性聚焦的位置靠前。因此,为了将其与线性理论中的几何焦距区分开来,通常将 z_{cr} 称为非线性焦距。当然,真实物理系统中光束坍缩是不会发生的,这是因为随着光强爆破,阻碍效应开始起作用。例如,已经有研究表明非旁轴性与矢量效应能阻止光束的坍缩[16,57]。但是,这些效应只在远高于光电离阈值的强度下起作用。目前光电离被认为是阻碍光束坍缩的普遍机制,正如下面将要探讨的,第 4 章的讨论部分揭示出高阶克尔非线性特性在其中可能具有的作用。此外,同样证实了群速度色散可以使自聚焦坍缩饱和,这将在下面进行探讨,详细情况见第 3.3 节。

2.5.4 调制不稳定性

汤斯模是方程(2.74)的径向对称解。但是,除了前面讨论的自聚焦不稳定性,方程(2.74)的解还受所谓的方位调制不稳定性的影响,这可以破坏给定解的径向对称性。更精确地说,在特定条件下,对径向对称初始场的径向非对称极小扰动会被指数放大,这会引起初始解径向不再对称,空间形态发生破碎。理论方面,别斯帕洛夫(Bespalov)和塔拉诺夫(Talanov)通过对一个沿 z 方向传输的平面波施加一个小振幅扰动的非零横向波矢 $\boldsymbol{k}_\perp = (k_x, k_y)$,首次观测到这种现象[58]。在飞秒激光成丝的背景下,该现象被认为是多丝,当脉冲激光束的输入功率远远高于自聚焦临界功率 P_{cr} 时有望观察到。不过,有研究证明,当光功率高达 5 倍的临界功率时,对入射光束进行合理的孔径限制,能避免多丝的产生[45]。

此外,调制不稳定性是导致飞秒激光成丝过程中出现另一些现象的原因,这些现象称为双曲激波(Hyperbolic Shock-waves)、X 波(X-waves)与圆锥辐射(Conical Emission)[59]。后一个不稳定性的发生是由于自聚焦与正常群速度色散之间的相互作用。事实上,$\beta_2 > 0$ 的群速度色散能阻止克尔不稳定性导致的光坍缩[60]。考虑长输入脉冲的演化,比便能应用慢变包络近似($T=1$),进一步忽略等离子体响应与 $k > 2$ 的高阶色散 β_k,包络方程(2.55)可以简化为

$$\partial_z \varepsilon = \frac{i}{2k_0} \Delta_\perp \varepsilon - i \frac{\beta_2}{2} \frac{\partial^2}{\partial t^2} \varepsilon + i \frac{\omega_0}{c} n_2 |\varepsilon|^2 \varepsilon \qquad (2.77)$$

对于 $\beta_2 > 0$,这是一个具有双曲波动算符 $\alpha \Delta_\perp - \gamma \frac{\partial^2}{\partial t^2}$ 的(2 + 1)维非线性薛定谔方程,其中,$\alpha, \gamma > 0$。后一个方程与方程(2.74)具有完全相同的定态解,即具有由汤斯模给出的横向光束剖面的单色光。但是,更详细的分析[61]揭示出对定态解的小扰动可能获得指数增益,导致所谓 X 波的形成。最近的研究把它与成丝过程中经常观察到的圆锥辐射现象联系了起来[59]。

2.5.5　空间－时间聚焦

空间－时间聚焦(Space-time Focusing)并非一个局限在成丝传输中的现象。相反,它描述了线性衍射对超短、超宽带光脉冲的影响。衍射,即激光束在横截面上的扩展,由色散关系决定:

$$n^2(\omega)\frac{\omega^2}{c^2}=k_x^2+k_y^2+k_z^2 \tag{2.78}$$

在沿 z 轴正向旁轴传输的情况下,后一个关系式可以利用 $\sqrt{1+x}\approx1+x/2$ 来近似,得到

$$k_z=k(\omega)\left(1-\frac{k_\perp^2}{2\,k^2(\omega)}\right) \tag{2.79}$$

然而,人们注意到在参考文献[62]中,慢变包络近似(SVEA)在描述超短、衍射激光脉冲的空间－时间耦合效应时失效了,SVEA 对应于在后一个方程中实施代换 $k(\omega)\rightarrow k_0$。确实,可以从色散关系方程(2.78)中推出,脉冲的短波端光谱分量比其长波端光谱分量衍射得更慢,最终导致了光束轴上光谱的变窄。这对应于脉冲在时域的展宽。因此,有必要在 SVEA 模型中修正项,用以解释超短脉冲衍射的空间－时间耦合效应。在非线性包络方程模型(2.55)中,通过增加衍射项 $T^{-1}\Delta_\perp$ 进行修正。与非线性包络方程模型不同的是,因式分解步骤使前向麦克斯韦方程组能自然地满足色散关系式(2.79)。

2.5.6　强度钳制与动态空间补偿模型

飞秒激光成丝的强度钳制模型[63]假设:光电离的产生,以及接下来由自由载流子引起的散焦效应是阻止克尔自聚焦触发的光束坍缩的主要机制。利用强度相关折射率指数(IDRI)的表达式 $\Delta n=n_2I$,以及根据方程(2.43)得出的等离子体诱导折射率指数变化的相应表达式,折射率指数的非线性变化由下式给出:

$$\Delta n=n_2I-\frac{\rho}{n_0^2 2\,\rho_c} \tag{2.80}$$

对于 $n_2>0$ 的自聚焦介质,等离子体对折射率指数的贡献与对克尔非线性特性的贡献符号相反。因此,等离子体诱导的折射率指数分布表现得像一个发散透镜,因为自由载流子密度沿光轴逐渐增大。强度钳制模型能对飞秒激光光丝中所能达到的最大光强进行估计。在钳制强度下,光强为下式的解:

$$\Delta n \equiv n_2 I - \frac{\rho}{n_0^2 2 \rho_c} = 0 \tag{2.81}$$

等离子体诱导折射率指数变化,足够产生散焦效应,用以平衡克尔自聚焦效应。利用式(2.56)并忽略等离子体损耗,对关于 ρ 的速率方程进行积分得到

$$\rho = \rho_0 \left(1 - \exp\left[-\int_{-\infty}^{t} w[I(t')] \, dt' \right] \right) \tag{2.82}$$

然而,为了对钳制强度进行估计,考虑峰值等离子体密度 ρ_{max} 和峰值脉冲强度 I_{max} 就足够了。对于不太高的等离子体密度,利用 $\exp(-x) \approx 1-x$,有 $\rho_{max} = t_p \rho_0 w(I_{max})$,得到关于钳制强度的以下方程[8]:

$$I_{max} = \frac{t_p \rho_0 w(I_{max})}{2 \rho_c n_0 n_2} \tag{2.83}$$

研究表明,通常可利用该式对非线性聚焦中的光强进行较好地估计[13]。然而,长距离成丝传输并不是一个静态过程,强度钳制光强 I_{max} 沿光丝的整个长度扩展方向上也并非常量。相反,成丝是一个高度动态的过程,详细研究表明,飞秒激光光丝由纵轴方向上的周期性非线性焦点构成。除此之外,参考文献[64]研究证明,不同的时刻切片,脉冲呈现反复循环的聚焦与再聚焦,以致脉冲能流(即强度的时间积分,单位为 J/cm^2)表现为定态,同时"[…]造成了一种脉冲自导引实现远距离传输的假象(根据参考文献[64])"。参考文献[64]的作者称该模型为动态空间补偿(dynamic spatial replenishment)。

2.5.7 脉冲自压缩

脉冲自压缩可能是在飞秒激光成丝过程中观察到的最有趣的现象。不同于传统的激光脉冲压缩方式,无须任何色散压缩技术,就能够产生仅由少量几个周期(零星周期)光学载波场构成的超短脉冲。接下来的第 3 章将从理论和实验两方面详细讨论成丝自压缩问题。

参考文献

[1] J. C. Maxwell, On physical lines of force. Philos Mag. 21, 161(1861)

[2] A. Ferrando, M. Zacarés, P. Fernández de Córdoba, D. Binosi, A. Montero, Forward-backward equations for nonlinear propagation in axially invariant optical systems. Phys. Rev. E 71, 016601(2005)

［3］ P. Kinsler, Optical pulse propagation with minimal approximations. Phys. Rev. A 81, 013819 (2010)

［4］ A. V. Husakou, J. Herrmann, Supercontinuum Generation of Higher-Order Solitons by Fission in Photonic Crystal Fibers. Phys. Rev. Lett. 87, 203901 (2001)

［5］ V. E. Zakharov, A. B. Shabat, Exact theory of twodimensional selffocusing and one-dimensional-self-modulation of waves in nonlinear media. Sov. Phys. JETP 101, 62 (1972)

［6］ T. Brabec, F. Krausz, Nonlinear optical pulse propagation in the single-cycle regime. Phys. Rev. Lett. 78, 3282 (1997)

［7］ S. Skupin, G. Stibenz, L. Berge, F. Lederer, T. Sokollik, M. Schnürer, N. Zhavoronkov, G. Steinmeyer, Self-compression by femtosecond pulse filamentation: Experiments versus numerical simulations. Phys. Rev. E 74, 056604 (2006)

［8］ L. Berge, S. Skupin, R. Nuter, J. Kasparian, J. P. Wolf, Ultrashort filaments of light in weakly ionized, optically transparent media. Rep. Prog. Phys. 70, 1633 (2007)

［9］ S. Augst, D. Strickland, D. D. Meyerhofer, S. L. Chin, J. Eberly, Tunneling ionization of noble gases in a high-intensity laser field. Phys. Rev. Lett. 63, 2212 (1989)

［10］ V. S. Popov, Tunnel and multiphoton ionization of atoms and ions in a strong laser field. Phys. Usp. 47, 855 (2004)

［11］ A. Braun, G. Korn, X. Liu, D. Du, J. Squier, G. Mourou, Self-channeling of high-peak-power femtosecond laser pulses in air. Opt. Lett. 20, 73 (1995)

［12］ A. Couairon, A. Mysyrowicz, Femtosecond filamentation in transparent media. Phys. Rep. 441, 47 (2007)

［13］ S. L. Chin, Y. Chen, O. Kosareva, V. P. Kandidov, F. Théberge, What is a filament? Laser Phys. 18, 962 (2008)

［14］ L. D. Landau, E. M. Lifschitz. Lehrbuch der Theoretischen Physik, Bd. 8, Elektrodynamik der Kontinua, (Harri Deutsch, Berlin, 1991)

［15］ V. M. Agranovich, Y. N. Gartstein, Spatial dispersion and negative refraction of light. Phys. Usp 49, 1029 (2006)

［16］ G. Fibich, B. Ilan, Deterministic vectorial effects lead to multiple filamentation. Opt. Lett. 26, 840 (2001)

［17］ M. Kolesik, J. V. Moloney, M. Mlejnek, Unidirectional optical pulse propagation equation. Phys. Rev. Lett. 89, 283902 (2002)

［18］ S. Amiranashvili, A. G. Vladimirov, U. Bandelow, A model equation for ultrashort optical pulses. Eur. Phys. J. D 58, 219 (2010)

［19］ S. Amiranashvili, A. Demircan, Hamiltonian structure of propagation equations for ultrashort optical pulses. Phys. Rev. A 82, 013812 (2010)

[20] R. W. Boyd, *Nonlinear Optics*, (Academic Press, Orlando, 2008)

[21] S. Skupin, O. Bang, D. Edmundson, W. Krolikowski, Stability of two-dimensional spatial solitons in nonlocal nonlinear media. Phys. Rev. E 73, 066603 (2006)

[22] D. C. Hutchings, M. Sheik-Bahae, D. J. Hagan, E. W. van Stryland, Kramers-Kronig relations in nonlinear optics. Opt. Quant. Electron. 24, 1 (1992)

[23] W. R. J. C. Diels, *Ultrashort Laser Pulse Phenomena : Fundamentals, Techniques, and Applicationson a Femtosecond Time Scale*, (Academic Press, Burlington, 2006)

[24] C. Brée, A. Demircan, G. Steinmeyer, Method for computing the nonlinear refractive index via Keldysh theory. IEEE J. Quantum Electron. 4, 433 (2010)

[25] P. P. Ho, R. R. Alfano, Optical Kerr effect in liquids. Phys. Rev. A 20, 2170 (1979)

[26] M. Melnichuk, L. T. Wood, Direct Kerr electro-optic effect in noncentrosymmetric materials. Phys. Rev. A 82, 013821 (2010)

[27] P. Bejot, J. Kasparian, S. Henin, V. Loriot, T. Vieillard, E. Hertz, O. Faucher, B. Lavorel, J.-P. Wolf, Higher-order Kerr terms allow ionization-free filamentation in gases. Phys. Rev. Lett. 104, 103903 (2010)

[28] V. Loriot, E. Hertz, O. Faucher, B. Lavorel, Measurement of high order Kerr refractive index of major air components : erratum. Opt. Express 18, 3011 (2010)

[29] V. Loriot, E. Hertz, O. Faucher, B. Lavorel, Measurement of high order Kerr refractive index of major air components. Opt. Express 17, 13429 (2009)

[30] P. Drude, Zur Elektronentheorie der Metalle. Annalen der Physik, 306, 566 (1900). ISSN 1521-3889

[31] P. Drude, Zur Elektronentheorie der Metalle ; II. Teil. Galvanomagnetische und thermomagnetische Effecte. Annalen der Physik, 308, 369 (1900). ISSN 1521-3889

[32] A. M. Perelomov, V. S. Popov, M. V. Terent'ev, Ionization of atoms in an alternating electric field. Sov. Phys. JETP 23, 924 (1966)

[33] M. V. Ammosov, N. B. Delone, V. P. Krainov, Tunnel ionization of complex atoms and of atomicions in an alternating electromagnetic field. Sov. Phys. JETP 64, 1191 (1986)

[34] L. V. Keldysh, Ionization in the field of a strong electromagnetic wave. Sov. Phys. JETP 20, 1307 (1965)

[35] S. V. Poprzuhenko, V. D. Mur, V. S. Popov, D. Bauer, Strong field ionization rate for arbitrary laser frequencies. Phys. Rev. Lett. 101, 193003 (2008)

[36] Y. V. Vanne, A. Saenz, Exact Keldysh theory of strong-field ionization : residue method versus saddle-point approximation. Phys. Rev. A 75, 033403 (2007)

[37] I. Koprinkov, Ionization variation of the group velocity dispersion by high-intensity optical pulses. Appl. Phys. B79, 359 (2004). ISSN 0946-2171. 10. 1007/s00340-004-1553-z

[38] Y. H. Chen, S. Varma, T. M. Antonsen, H. M. Milchberg, Direct measurement of the electron

density of extended femtosecond laser pulse-induced filaments. Phys. Rev. Lett. 105,215005 (2010)

[39] J. Kasparian, P. Béjot, J. -P. Wolf, Arbitrary-order nonlinear contribution to self-steepening. Opt. Lett. 35,2795(2010)

[40] W. Ettoumi, P. Béjot, Y. Petit, V. Loriot, E. Hertz, O. Faucher, B. Lavorel, J. Kasparian, J. -P. Wolf, Spectral dependence of purely-Kerr-driven filamentation in air and argon. Phys. Rev. A 82,033826(2010)

[41] G. P. Agrawal, *Nonlinear Fiber Optics*,3rd edn. (Academic Press,London,2001)

[42] A. Dalgarno, A. E. Kingston, The refractive indices and Verdet constants of the intert gases. Proc. Roy. Soc. A 259,424(1960)

[43] S. Amiranashvili, U. Bandelow, A. Mielke, Padé approximant for refractive index and nonlocal envelope equations. Opt. Commun. 283,480(2010)

[44] L. Bergé, S. Skupin, Few-cycle light bullets created by femtosecond filaments. Phys. Rev. Lett. 100,113902(2008)

[45] G. Stibenz, N. Zhavoronkov, G. Steinmeyer, Self-compression of milijoule pulses to 7. 8 fs duration in a white-light filament. Opt. Lett. 31,274(2006)

[46] J. -F. Daigle, O. Kosareva, N. Panov, M. Bégin, F. Lessard, C. Marceau, Y. Kamali, G. Roy, V. Kandidov, S. L. Chin, A simple method to significantly increase filaments' length and ionizationdensity. Appl. Phys. B 94,249(2009)

[47] R. R. Alfano, S. L. Shapiro, Observation of self-phase modulation and small-scale filaments in crystals and glasses. Phys. Rev. Lett. 24,592(1970)

[48] F. DeMartini, C. H. Townes, T. K. Gustafson, P. L. Kelley, Self-steepening of light pulses. Phys. Rev. 164,312(1967)

[49] G. A. Askar'yan, Effects of the gradient of strong electromagnetic beam on electrons and atoms. Sov. Phys. JETP 15,1088(1962)

[50] L. Bergé, Wave collapse in physics:principles and applications to light and plasma waves. Phys. Rep. 303,259(1998)

[51] C. Sulem, P. -L. Sulem, *The Nonlinear Schrödinger Equation:Self-Focusing and Wave Collapse*, Applied Mathematical Sciences(Springer-Verlag,New York,1999)

[52] R. Y. Chiao, E. Garmire, C. H. Townes, Self-trapping of optical beams. Phys. Rev. Lett. 13,479 (1964)

[53] M. I. Weinstein, Nonlinear Schrödinger equations and sharp interpolation estimates. Commun. Math. Phys. 87,567(1983)

[54] J. J. Rasmussen, K. Rypdal, Blow-up in nonlinear Schrödinger equations-I:a general review. Phys. Scr. 33,481(1986)

[55] K. Rypdal, J. J. Rasmussen, Stability of solitary structures in the nonlinear Schrödinger equation. Phys. Scr. 40, 192 (1989)

[56] J. Marburger, Self-focusing: theory, Prog. Quant. Electron. 4, 35 (1975). ISSN 0079-6727

[57] G. Fibich, Small beam nonparaxiality arrests self-focusing of optical beams. Phys. Rev. Lett. 76, 4356 (1996)

[58] V. I. Bespalov, V. I. Talanov, Filamentary structure of light beams in nonlinear liquids. J. Exp. Theor. Phys. 11, 471 (1966)

[59] D. Faccio, M. A. Porras, A. Dubietis, F. Bragheri, A. Couairon, P. D. Trapani, Conical emission, pulse splitting, and x-wave parametric amplification in nonlinear dynamics of ultrashort light pulses. Phys. Rev. Lett. 96, 193901 (2006)

[60] L. Bergé, J. J. Rasmussen, Multisplitting and collapse of self-focusing anisotropic beams in normal/anomalous dispersive media. Phys. Plasmas 3, 824 (1996)

[61] M. A. Porras, A. Parola, D. Faccio, A. Couairon, P. D. Trapani. Light-filament dynamics and the spatiotemporal instability of the Townes profile. Phys. Rev. A 76, 011803 (R) (2007)

[62] J. E. Rothenberg, Space-time focusing: breakdown of the slowly varying envelope approximation in the self-focusing of femtosecond pulses. Opt. Lett. 17, 1340 (1992)

[63] A. Becker, N. Aközbek, K. Vijayalakshmi, E. Oral, C. Bowden, S. Chin. Intensity clamping and re-focusing of intense femtosecond laser pulses in nitrogen molecular gas. Appl. Phys. B 73, 287 (2001). ISSN 0946-2171. 10. 1007/s003400100637

[64] M. Mlejnek, E. M. Wright, J. V. Moloney, Dynamic spatial replenishment of femtosecond pulses propagating in air. Opt. Lett. 23, 382 (1998)

飞秒光丝中的脉冲自压缩

本章讨论了飞秒光丝中脉冲自压缩的各种理论与实验的情况。理论部分的主要信息是:成丝自压缩依赖于根本上不同的物理机制,它们有别于单模、微结构、光子晶体与填充气体的空心光纤中发生的传统脉冲压缩机制[1-4]。作为脉冲压缩的必备前提,具有非零克尔非线性特性的光纤中,传统压缩形式依赖于自相位调制导致的光谱展宽。然而,线性色散与克尔非线性特性共同引起脉冲正啁啾,以致在频域中,光谱展宽脉冲的复包络由下式给出:

$$\hat{\varepsilon}(\omega) \sim \exp\left(-\frac{\omega^2}{\Delta\omega^2} + i\phi(\omega) \right) \qquad (3.1)$$

其中,假设高斯型光谱分布的光谱带宽为$(1/e)\Delta\omega$。半高宽(FWHM)光谱宽度$\Delta\omega_{\mathrm{FWHM}}$由$\Delta\omega_{\mathrm{FWHM}} = \sqrt{2\ln 2}\,\Delta\omega$给出,光谱相位由$\phi(\omega)$给出。假设介质色散主要由二阶色散系数$\beta_2$决定,则抛物线型光谱相位$\phi(\omega) = \alpha\omega^2/2$的假设是合理的。在这种情况下,群延迟色散$D_2 \equiv \mathrm{d}^2\phi/\mathrm{d}\omega^2 = \alpha$与频率无关,由参数$\alpha$给出。对方程(3.1)作傅里叶变换得到时域下的复包络为

$$\varepsilon(t) = \exp\left(-\frac{t^2}{t_p^2(\alpha)} - iC\frac{t^2}{t_p^2(\alpha)} \right) \qquad (3.2)$$

参数$t_p(\alpha)$与半高宽脉宽之间满足关系:$t_p(\alpha) = \sqrt{2\ln 2}\,t_{\mathrm{FWHM}}$,其中$C = \alpha\Delta\omega^2/2$为啁啾因子。脉宽与群延迟色散$\alpha$之间满足:

$$t_p(\alpha) = t_p(0)\sqrt{1 + \frac{4\alpha^2}{t_p^4(0)}} \qquad (3.3)$$

此处,$t_p(0) = 2/\Delta\omega$为对应的变换极限脉宽,即在方程(3.1)中令$\alpha = 0$时得到的脉冲,使得在整个频率范围内形成平坦的光谱相位。对给定的光谱带宽$\Delta\omega$,

假设为高斯型光谱形状,$t_p(0) = 2/\Delta\omega$ 为可获得的最短脉宽。根据方程(3.3),因为脉冲在光谱展宽过程中带来的群延迟色散(GDD)导致较大的时间展宽,传统脉冲压缩技术的目的是采用合适的色散补偿技术来消除方程(3.1)中的群延迟色散,从而得到窄的、变换限制脉冲。在实验装置中,可以采用合理对准的光栅对或啁啾镜[5-8],在脉冲的不同光谱分量之间引入恰当的群延迟,产生负的GDD而实现。对于恰当选择的压缩器形状,这一负的群延迟色散能精确地消除掉光谱展宽脉冲正的群延迟色散 α,形成所需的变换限制的超短脉冲。普遍采用的色散脉冲压缩器限于补偿正的二阶GDD,即具有正曲率的抛物线型光谱相位。然而实际上,光纤中的超短脉冲同样受高阶色散影响,以致仅仅补偿群延迟色散会导致形成多余的卫星脉冲,甚至是脉冲分裂效应,从而限制了色散脉冲压缩技术的效果[9]。采用同时补偿GDD与TOD(三阶色散,β_3)的压缩方案至少可以部分避免这种情况[10]。总之很显然,这些传统的压缩方案通过引入时间能量流而对脉冲整形,这些时间能量流是指:正啁啾、时间展宽的脉冲在时域色散,并且脉冲的每个频率分量在不同时刻靠近一个假想的观测者。色散补偿随后对光谱相位引入负的群延迟色散,以致不同频率分量中包含的能量回流到脉冲中心,导致脉冲的时间再压缩。

飞秒光丝中的脉冲压缩首次在参考文献[8]中得到证实。然而,实验装置中依然包含用于色散补偿的啁啾镜对。在参考文献[11]中首次描述了无任何色散补偿方案的脉冲自压缩技术。该脉冲压缩方法不仅在成丝自压缩中无须外部色散补偿方案,同样无须任何导波结构,如光纤或空心光纤,因此不受损伤阈值的限制。反而,相互作用的非线性效应导致在传播介质中形成自导效应,这将在下面进行详细介绍。同时,在适当的初始条件下,脉冲的轴上时间波形会变窄。目前,可以假设在该脉冲自压缩场景里起作用的相关机制与传统的压缩方案里的那些机制类似。这要求在传输介质中存在固有的负的群速度色散来源。考虑到稀有气体氦、氖、氩、氪、氙在成丝时采用的典型波长区域中表现出正的 β_2,找出这种负的群速度色散来源并不是那么简单。负的群速度色散的一个可能的候选者或许是光致电离产生的等离子体。根据特鲁德理论,部分电离介质的折射率指数由下式给出:

$$n(\omega) = \sqrt{n_0^2(\omega) - \frac{\omega_p^2}{\omega}} \qquad (3.4)$$

式中:n_0 为中性介质的折射率指数;$\omega_p = \sqrt{Ne^2}\,\epsilon_0 m_e$ 为依赖于自由电子数 N 的

等离子体频率。利用 $k(\omega) = n(\omega)\omega/c$ 与 $\beta_2(\omega) = \mathrm{d}^2 k(\omega)/\mathrm{d}\omega^2$，能解释等离子体群速度色散的表达式在参考文献[12]中根据下式导出：

$$\beta_{2,e} = -1.58 \times 10^{-5} \lambda^3 N \frac{\mathrm{fs}^2}{\mathrm{cm}} \qquad (3.5)$$

波长 λ 与载流子密度 N 的单位分别为 cm 和 cm^{-3}。利用掺钛：蓝宝石激光器的典型波长，$\lambda = 800\mathrm{nm}$，电离粒子的百分比近似为 0.1%，后者为飞秒光丝中达到的特征等离子体密度，得到等离子体群速度色散 $\beta_{2,e} = -0.22\ \mathrm{fs}^2/\mathrm{cm}$。相比之下，氩在 800nm 处的群速度色散为 $\beta_{2,0} = 0.2\mathrm{fs}^2/\mathrm{cm}$。接下来的例子中，成丝自压缩与传统压缩机制完全类似的假设将得到检验。为了这一目的，将对初始脉宽 $t_p = 40\mathrm{fs}$ 的高斯型输入脉冲的自压缩进行分析，预先假设非线性光谱展宽与色散脉冲整形过程是成丝自压缩背后的驱动力。首先假设脉冲经过光谱展宽，使得到的光谱能支持 $t_p(0) = 10\mathrm{fs}$ 的变换极限脉冲，这是自压缩实验中能得到的实际可行的压缩比[11]。此外，与基于光纤的压缩方案类似，可以预期成丝传输时的光谱展宽伴随着由于脉冲光谱相位积累而引起的额外的正的群延迟色散。例如，假设所得到的群延迟色散约 $194\mathrm{fs}^2$，则初始脉宽是不变的。因此，为了利用传统压缩方案里的色散脉冲整形机制来解释成丝自压缩，必须假设正的额外的群延迟色散由某些负的群延迟色散来源进行补偿。接下来，假设等离子体对折射率指数的贡献提供必要的色散补偿，来得到变换极限的、自压缩的 10fs 脉冲。然而，为了确保等离子体群速度色散 $\beta_{2,e} = -0.2\mathrm{fs}^2/\mathrm{cm}$ 补偿已有的约 $200\mathrm{fs}^2$ 的正啁啾，根据 $\mathrm{GDD} = \beta_2 \Delta z$，脉冲必须在强电离 $(N = 2.7 \times 10^{16}\mathrm{cm}^{-3})$ 自诱导光丝中传输距离 $\Delta z = 100\mathrm{m}$。与之相反，自压缩实验中光丝的纵向扩展典型的数量级只有 1m。此外，在这些情况中，强电离等离子体通道的长度数量级大约为 10cm。因此，由于气体与等离子体二者弱的群速度色散，导致飞秒光丝中脉冲自压缩的主要机制中，色散脉冲整形可以明确地被排除掉。这就显而易见了，成丝自压缩背后的机制不同于传统脉冲压缩方法里起作用的机制，接下来几节的目的是确认这些机制。

3.1　自箍缩机制：类空间效应自压缩

磁流体动力学（Magneto - hydrodynamics, MHD）提供了在高电流脉冲放电时增加电子密度的有效机制。等离子体通道中，自诱导磁场可能沿径向将电子能流聚焦到近热核电流密度，z 箍缩[13-14]是其中最显著的例子。与之相反，根据前面的讨论,传统上激光脉冲压缩[1,4-5]追求沿时间坐标的能量集中而非径向的收缩。接下来,将表明在光丝内部,只有三种效应的组合,即衍射、克尔自聚焦和等离子体诱导自散焦,适合用来解释作用于光子能流的径向收缩机制。与磁流体动力学中的 z 箍缩类似,接下来涉及该机制时将称之为自箍缩。该现象导致光场的空间–时间非均匀结构,意味着光束半径随时间强烈变化[11,15]。前面对光丝中自压缩的解释(见参考文献[15-17])指出了数十种效应的复杂相互作用,与之形成对比,本节中证明了仅需上面提到过的三种空间效应就足以解释自压缩[18]。在非线性薛定谔方程(NLSE)的框架内,可模拟典型短激光脉冲光丝传输中包括的大量线性与非线性光学过程。值得注意的是,用来解释磁场的磁流体动力学也具有非常相似的非线性薛定谔方程形式,这样的形式或许能导致电离层光丝以及与自箍缩类似机制的产生[19]。由于所有这些场景都显示出了线性与非线性过程之间复杂的相互作用,通常难以分离出导致所观测现象的主要过程。然而对于光学的情况,我们能计算参与过程的特征长度,挑出群速度色散、吸收、克尔型自相位调制以及自陡峭,主要留下等离子体效应与横向自聚焦和自散焦,作为实验观察到的自压缩现象背后的可能驱动力。该分析过程,尤其是对色散的忽略,象征着光丝中沿着脉冲时间轴方向的零能量流。这本质上留下了粒子密度和各自的能流作为关键参数,与磁流体动力学中的情况类似。该讨论将因此仅限于分析径向能流,在柱坐标(r,t)中,假设柱对称,采用扩展的非线性薛定谔方程[21]。扩展的非线性薛定谔方程有效地耦合了光子密度与电子密度 ρ。与全模型方程(2.55)相比,沿 t 轴的能流与色散被忽略。在前面的理论与实验研究中[11,15],这些效应已经被证明在低压或常压气体介质中是不重要的。

因此,仅考虑克尔型自聚焦与等离子体散焦作为气体中光丝形成时的主要动力学效应的简化模型,证明足以观察到自压缩:

$$\partial_z \varepsilon = \frac{i}{2k_0 r}\partial_r r\ \partial_r \varepsilon + \frac{i\omega_0}{c}n_2\ |\ \varepsilon\ |^2\varepsilon - \frac{i\omega_0}{2n_0 c\rho_c}\rho[I,t]\varepsilon \tag{3.6}$$

$$\rho[I,t] = \rho_0\left(1 - \exp\left(-\int_{-\infty}^{t}\mathrm{d}t'w[I(r,z,t')]\right)\right) \tag{3.7}$$

式中:z 为传输变量;t 为延迟时间;ω_0 为 $\lambda_0 = 2\pi n_0/k_0 = 800\text{nm}$ 时的激光中心频率;n_2 为非线性折射率指数。光子密度采用复光场包络 ε 进行描述,$I = |\ \varepsilon\ |^2$。依赖于波长的临界等离子体密度通过特鲁德模型进行计算,根据 $\rho_c \equiv \omega_0^2 m_e \epsilon_0/q_e^2$,其中 q_e 与 m_e 分别为电子电荷和质量,ϵ_0 为介电常数,c 为光速,ρ_0 为中性(粒子)密度。等离子体产生由电离速率 $w[I]$ 决定,佩雷诺莫夫–波波夫–捷连季耶

夫(PPT)理论对此进行了适当的描述[22]。这里强调了对于等于零的等离子体密度 $\rho \equiv 0$，延迟时间 t 为方程(3.6)的一个自由参数。这意味着对于每个常数 t，包络 $\varepsilon(r,z,t)$ 各自独立演化。对于非零的 ρ，方程(3.7)模拟了一个持续性的、非瞬时的非线性特性，其对方程(3.6)的演化引入了一个记忆效应。从物理上来讲，这是由于这样的事实：脉冲的任意时间分量会受到所有之前的脉冲时间片段产生的等离子体的影响，同时在飞秒的时间尺度上电子 - 离子的复合能可以忽略不计。

对接下来的研究，利用了常压下的氩气相关数据[15]。在参考文献[21]中，利用含时的变分法(Time-dependent Variational Approach)，对克尔诱导光坍缩(Kerr-induced Optical Collapse)被等离子体散焦饱和状态下的强度钳制与时间脉冲波形进行了分析。采用恰当的近似，该分析过程产生了具有类孤子性质的稳态时间波形。本节的目的是要超越参考文献[21]中的近似，来计算场的结构，该场的结构描述了使每一个时间点上相互竞争的非线性效应之间保持平衡的定态时间强度波形。正如参考文献[21]中所述，这些可由含时的变分法得出，利用以下的试探函数：

$$\varepsilon(r,z,t) = \sqrt{\frac{P(t)}{\pi R^2}}\exp\left[-\frac{r^2}{2R^2} + i\frac{k_0 r^2 \partial_z R}{2R}\right] \tag{3.8}$$

通过自相似代换(Self-similar Substitutions)以及将高斯光束的空间相位曲率与脉冲半径关于 z 轴的对数导数联系起来，二次相位确保了连续性方程的有效性。脉冲半径 $R \equiv R(z,t)$ 同时依赖于纵向与时间变量。由于忽略掉时间色散与自陡峭项，在由方程(3.6)支配的简化模型中，脉冲的不同时间片段之间没有能量流动的发生。并且，色散效应都被排除掉。因此，光功率 $P(z,t) = 2\pi\int_0^\infty r dr |\varepsilon(r,z,t)|^2$ 沿传输方向是守恒的，即 $\partial_z P(z,t) \equiv 0$。对于这样的守恒系统，简单的代数(推导)得到了维里型(virial-type)恒等式[23](见附录 A)：

$$\partial_z^2 \int_0^\infty r^3 |\varepsilon|^2 dr = \frac{2}{k_0^2}\int_0^\infty r |\partial_r \varepsilon|^2 dr - \frac{2n_2}{n_0}\int_0^\infty r |\varepsilon|^4 dr -$$

$$\frac{1}{n_0^2 \rho_c}\int_0^\infty |\varepsilon|^2 r^2 \partial_r\rho dr \tag{3.9}$$

在试探函数式(3.8)中插入与高斯光斑尺寸 $w(z,t)$ 相联系的 $R(z,t) = w(z,t)/\sqrt{2}$，可以得到决定脉冲半径 R 沿 z 方向演化的动力学方程[23]。对于方程(3.9)右边的等离子体项的解析表达式的来源，采用幂指数规律的依赖关系

$w[I] = \sigma_{N*} I_0^{N*}$ 对 PPT 电离速率进行近似,其中在强度范围为 80TW/cm² 时,适合 PPT 电离速率的参数为 $N^* = 6.13$ 与 $\sigma_{N*} = 1.94 \times 10^{-74} \mathrm{s}^{-1} \mathrm{cm}^{2N*} \mathrm{W}^{-N*}$。根据 $I_0(t) \equiv I(r=0,z,t) = P(t)/\pi R^2(t)$,引入轴上强度波形,对高斯功率波形 $P(t) = P_{\mathrm{in}} \exp(-2t^2/t_p^2)$,将脉宽 t_p 与峰值输入功率 P_{in} 作为边界条件。得到以下的关于稳态解的积分方程:

$$0 = 1 - \frac{P(t)}{P_{\mathrm{cr}}} + \mu P^2(t) \int_{-\infty}^{t} \mathrm{d}t' \frac{I_0^{N*+1}(t')}{P(t')} \frac{1}{\left(I_0(t) + N^* I_0(t') \frac{P(t)}{P(t')} \right)^2} \tag{3.10}$$

式中:$P_{\mathrm{cr}} = \lambda_0^2/(2\pi n_0 n_2)$,$\mu = k_0^2 N^* \sigma_{N*} \rho_0/\pi \rho_c$。

方程(3.10)本质上是对沃尔泰拉 - 乌里松(Volterra-Urysohn)积分方程的推广[24],积分核不仅与 $I_0(t')$ 有关,而且与 $I_0(t)$ 也有关。此处,求解方程(3.10)并未采用参考文献[21]中的近似。考虑到方程(3.10)中积分项是严格为正的,由此可以立即断定非平凡解只存在于时间间隔 $-t_* < t < t_*$ 中,此时 $P(t) > P_{\mathrm{cr}}, t_* = (\ln \sqrt{P_{\mathrm{in}}/P_{\mathrm{cr}}})^{1/2} t_p$。从物理学的观点来看,克尔自聚焦仅能在该时间间隔补偿衍射,使定态的存在成为可能。对于计算积分方程的一个定态解 $I_0(t)$,应用参考文献[25]中给出的方法,将未知的 $I_0(t)$ 的切比雪夫(Chebyshev)近似与用于计算积分项的克伦肖 - 柯蒂斯(Clenshaw-Curtis)求积公式结合[26]。因为选择了比例 $P_{\mathrm{in}}/P_{\mathrm{cr}} = 2$ 与脉宽 $t_{\mathrm{FWHM}} = \sqrt{2\ln 2}\, t_p \approx 100\mathrm{fs}$ 作为激光参数,使得 $t_* \approx 50\mathrm{fs}$。所得解的频谱如图 3.1(a)所示。因为 $1 - P(t)/P_{\mathrm{cr}}$ 在边界为零,出现多个连续的重根。所有解都表现出强烈的非对称时间形状,在 $t = -t_*$ 处有一个强的前端次脉冲[21],靠近零延迟点为极小值(图 3.1(a)中的短画线),紧跟着一个快速强度增长的区域,暗示了解的奇异行为。成丝已知是源于克尔效应与等离子体响应之间的动态平衡,由物理系统无法严格得到一个稳态解。然而,方程(3.10)提供了对脉冲波形在成丝状态下趋向于形成结构的深刻认识。图 3.1(b)中的旋转对称结构提供了对方程(3.8)中柱对称高斯光束的一个图形表示。后者的束腰半径 $R(t)$ 随时间变化,通过在每个给定瞬间的旋转体的半径来表示。该表示可以分辨出无任何空间 - 时间耦合高斯光束的偏差,如束腰半径与时间无关的光束。很明显,在瞬时克尔自聚焦与非瞬时等离子体散焦相互作用下,强的光脉冲会发生这样的偏差。

确实,形成的解(图 3.1(b))的结构指出了两个高的轴上强度区域的形成,它们被一个大约 20fs 宽的强度急剧减小的散焦区域隔离开。类似的双峰轴上强度

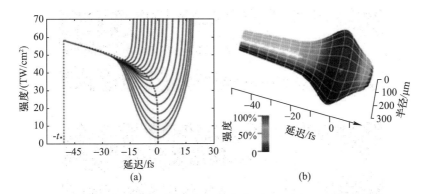

图 3.1　（a）是方程（3.10）的解 $I_0(t)$ 的频谱图，解 $I_0(t)$ 用红色标记。

（b）是方程（3.8）对应的柱对称高斯光束的空间 – 时间表示图，其束腰半径与时间有关

$$R(t) = \sqrt{P(t)/\pi I_0(t)}。I_0(t)$$ 为求解稳态条件下的方程（3.10）。图中颜色代表轴上强度

（经美国光学学会许可引用自 C. Brée et al.[18]）

现象已经在数值模拟与实验中观察到[11,27-30]，许多作者认为这是一种体介质或光纤中的寄生色散分裂。尽管具有表面的相似性，但是这样的分裂不能用于孤立的飞秒脉冲的压缩，正如下面所要做的那样。有趣的是，有报道观察到了一个可比较的动力学行为，在凝聚态介质中出现了环绕零延迟点域的时间分裂与随后的非线性 X 波。这些 X 波最近被认为构成了光丝动力学的吸引子[31-32]。

采用关于光场包络的简化径向对称演化模型方程（3.6），通过直接数值模拟（数值方面的详细内容见附录 B），得到对解析模型更深入的证明。入射光场作为空间和时间的高斯函数进行模拟，有 $w_0 := w(z = 0, t) = 2.5\text{mm}$，且与方程（3.10）的解中使用的峰值输入功率与脉宽相同。（光）场利用 $f = 1.5\text{m}$ 的透镜聚焦到介质中。这些模拟的结果能被看作是光丝中脉冲整形效应的原型。这些模拟同样证实了空间效应已经足以单独用来解释成丝自压缩。正如图 3.2（a）中轴上时间强度波形的演化揭示出的，成丝压缩总是经历两个截然不同的相。最初，沿 z 靠近非线性焦点，观察到一个占优势的前峰。当脉冲的下降部分在有效电离区（$\rho_{\max} \approx 5 \times 10^{16}\text{cm}^{-3}$）再一次聚焦时，双峰结构出现了。该瞬态的双脉冲结构证实了方程（3.10）分析预言的脉冲分裂现象，如图 3.3（a）、（c）所示，并且与图 3.1（a）中详述的定态波形一致。此处，与图 3.1 类似，图 3.3（c）显示了一个旋转体，其在每个瞬间 t 的半径表示由数值模拟得到的光场结构的均方根宽度。随后，形成的峰中只有一个残存下来，并在成丝通道中经历进一步的脉冲整形。

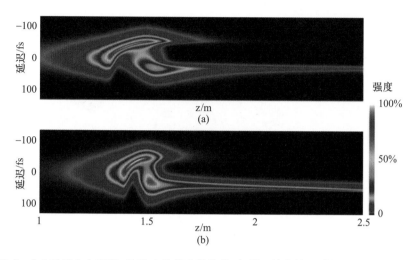

图 3.2　（a）对于由方程(3.6)决定的简化数值模型,沿 z 轴的轴上时间强度波形的演化,
（b）同样关于全模型方程的模拟[15]

（经美国光学学会许可引用自 C. Brée et al.[18]）

在 $z=1.7\text{m}$ 处,前面的次脉冲已经减小到原始轴上强度的一小部分。前面的脉冲这一有效的衰减效应隔离了下降脉冲,下降脉冲现在显示出脉宽为 $t_{\text{FWHM}}=27\text{fs}$。因此在第一相中联合起作用的分裂与隔离效应,已经为 100fs 的输入脉冲提供了大约 4 倍的压缩。在接下来光丝的弱电离区($z>1.6\text{m}$),残存的下降次脉冲再经受额外的时间压缩。我们的模拟结果显示,在 $z=2.5\text{m}$ 处脉冲短至 $t_{\text{FWHM}}=13\text{fs}$(图 3.3(b)),这与参考文献[11]中的实验结果十分吻合。与强电离区中的等离子体介导自压缩(Plasma-mediated self-compression)不同,第二区中的压缩仅由克尔非线性特性驱动($\rho<10^{13}\text{cm}^{-3}$)。较高光功率的时间切片可以通过克尔自聚焦补偿衍射,这部分脉冲比较低光功率的时间切片衍射得慢一些。与线性光学衍射规则下的场景相比,非线性光学效应导致了特征箍缩的形成。图 3.3(d)中描述了这样的空间结构。这明确地将自箍缩机制,与早前报道过的大量看起来相似的动力学机制区别开来。

为了对更进一步成丝传输时的时间压缩进行解析描述,考虑由方程(3.8)和方程(3.9)导出与时间相关光束半径的动力学方程[23],仍然忽略等离子体项。利用初始条件 $R(z=z_0,t)=R_0$ 与 $\partial_z R(z=z_0,t)\equiv 0$,形成的问题可以解析求解,有

$$R(z,t)=R_0\sqrt{1+\left[(z-z_0)/k_0 R_0^2\right]^2(1-P(t)/P_{\text{cr}})} \qquad (3.11)$$

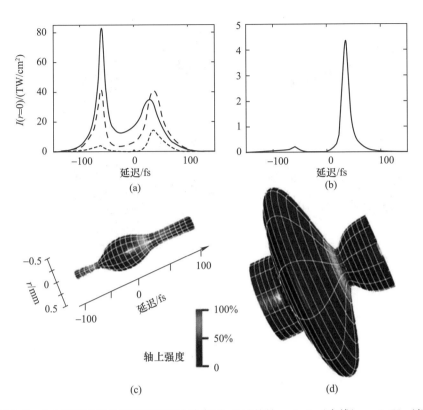

图 3.3　(a)说明两步自压缩机制的脉冲序列,显示的是 $z=1.5\mathrm{m}$(实线),$z=1.55\mathrm{m}$(短
画线)与 $z=1.7\mathrm{m}$(点画线)时的轴上强度波形。(b)显示了在 $z=2.5\mathrm{m}$ 时零星周期
脉冲的自压缩。(c)旋转体代表光场的瞬时径向均方根宽度,展示了在 $z=1.55\mathrm{m}$
时轴上的双峰结构。(d)展示了 $z=2.5\mathrm{m}$ 处的零星周期脉冲的自压缩情况
(经美国光学学会许可引用自 C. Brée et al.[18])

该方程模拟了从 $z>1.6\mathrm{m}$ 时无等离子体成丝通道的演化,假设 $P(t)\leqslant P_{\mathrm{cr}}$。
波形 $P(t)$ 只仅表示在光丝核心区中包含的功率。为简单起见,这里假设
$P(t)=P_{\mathrm{cr}}\exp(-2t^2/t_p^2)$,$R_0=100\mu\mathrm{m}$,以及 $t_p=23\mathrm{fs}$。这对应于图 3.3(a)中在
$z_0=1.7\mathrm{m}$ 处的脉宽。形成的特征空间 – 时间波形如图 3.4 所示。与图 3.1(b)
相同,旋转体的颜色与半径分别表示瞬时的轴上强度 $I_0(t)$ 与瞬时的光束束腰半
径 $R(t)$。这些波形清楚地揭示出在克尔效应占主导的传输阶段存在自箍缩,以
及克尔效应在轴上时间压缩方面起到的支配作用。

到目前为止介绍的分析过程完全忽略了色散、自陡峭以及损耗。为确保时间
切片之间的耗散与时间耦合仅对讨论的自压缩场景有修改效果,进行了光丝传输

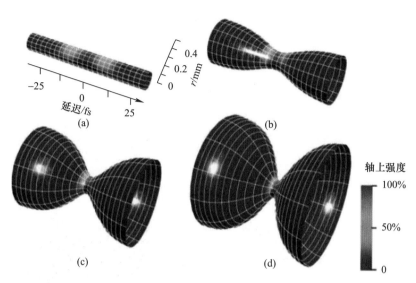

图3.4 基于变分模型阐明了由于克尔诱导空间自箍缩而引起时间自压缩的脉冲序列,图中
分别对应(a)$z=1.7\mathrm{m}$,(b)$z=1.9\mathrm{m}$,(c)$z=2.1\mathrm{m}$ 和(d)$z=2.3\mathrm{m}$ 阐明
(经美国光学学会许可引用自 C. Brée et al.[18])

的全过程模拟,包含了零星周期修正以及空间－时间聚焦[15]。如图3.2(b)所示,(进行)较少参数调节,令$w_0=3.5\mathrm{mm}$,其他所有激光参数保持不变,在全模型方程(2.55)的(框架)内就足以看到脉冲自压缩。现在自陡峭在(脉冲)下降部分提供了一个更有效的压缩机制。然而,图3.2(a)和(b)之间的对比也揭示出,在模拟中将时间效应包括进来的情况下,动力学行为仅仅稍微变化。显然,正如在简化模型中那样,观察到同样的两步压缩机制。因此得出结论:在由方程(3.6)支配的简化动力学系统中,有效电离区中的脉冲分裂动力学行为已经成为固有性质。光丝自压缩本质上是一种通过克尔自聚焦与等离子体自散焦相互作用输运的空间效应,而不是如传统激光脉冲压缩中依赖于自相位调制与色散之间的相互作用。这一占主导地位的空间效应与姆莱内克(Mlejnek)等人的空间补充模型吻合得很好[28]。然而,当前的模型指出之前未曾讨论过的关于光丝轴上时间脉冲结构的结果,导致类箍缩结构的出现(图3.3(d)),限制了光丝空间中心的有效自压缩[15,33]。当前的分析确定了前面的次脉冲的存在,随之而来的短自压缩脉冲实际上在成丝传输的第一阶段被整形。这样的前端结构导致了自压缩脉冲非常明显的时间非对称,这在实验中得到了证实[15]。

在激光光丝中经常可以定性地观察到类似分裂过程,先前的分析认为,对于一个孤立脉冲,空间诱导时间分裂是有效轴上压缩的第一步。在当前的场景中,可以观察到前沿分裂部分最终会衍射发散,其强度减小,而下降沿脉冲能保持其峰值强度。接下来的阶段,由衍射和克尔非线性特性支配,用来进一步压缩出现的孤立脉冲,并可能导致几乎 10 倍的轴上脉冲压缩。这一复杂情况背后的主要驱动力是径向效应,即衍射、克尔型自聚焦以及独有的靠近几何焦点处的等离子体散焦效应之间的动力学相互作用。占主导地位的空间效应明确地指出自压缩脉冲明显的空间 – 时间箍缩结构的不可避免性。在该方法中经常观察到的基础电平被认为是源于最初分裂后受抑制的前端脉冲的剩余产物。当前的分析也指出在低脉冲能量小于 1mJ 时,需要更多的非线性气体或者更高压强,将看到色散耦合不断增加的影响,最终将使得脉冲自压缩难以实现。然而,更高能量可能不受此限制,为零星周期脉冲自压缩方案未来的进步开辟了前景。

3.2　超越变分法的定态解

3.1 节中使用的变分法已经成功地用于预测脉冲的等离子体诱导时间分裂。然而,成丝脉冲典型地表现出强的空间 – 时间耦合,并且,由于等离子体散焦和/或圆锥辐射,倾向于形成一个空间环系统。因此,在由方程(3.8)、方程(3.9)支配的变分模型中,采用固定高斯径向光束形状的假设需要证明其合理性。接下来,通过将变分法的预测,与那些直接通过广义非线性薛定谔方程(3.6)计算定态解获得的结果进行对比而实现。事实上,具有特征双峰解的次脉冲之间的局部极小值,证明是再一次位于脉冲守恒功率波形取极大值的时刻附近,即零时间延迟点。因此,得到的定态解与由变分法计算的解在定性上符合得很好[34]。出于完备性的考虑,这些结果与直接数值模拟的结果进行比较,与 3.1 节中的模拟一样,这里仅考虑了空间效应。这忽略了相邻时间切片之间的色散项与能量交换,因此确保这些效应不对观察到的时间分裂产生贡献。该简化模型中的传输方程采用非线性薛定谔方程,与电子密度方程(3.6)和方程(3.7)的演化方程耦合进行描述。对于数值模拟与解析方面的讨论,同样采用常压下氢气的数据[15]作为介质参数。采用光子密度的高斯型空间 – 时间分布作为数值模拟的初始条件,束腰半径 $w_0 = 2.5\text{mm}$。与 3.1 节对比,3.1 节采用了脉宽 $t_p = 100\text{fs}$,为了适应参考文献[11,15]中的实验条件,此处选用了输入脉宽 $t_p = 38\text{fs}$。

输入能量为 $E_{in} = 1\text{mJ}$,对应于峰值输入功率 $P = 2P_{cr}$,其中 $P_{cr} \approx \lambda^2/2\pi n_2$ 为

克尔自聚焦临界功率。光束利用一个 $f=1.5\mathrm{m}$ 的透镜聚焦到介质中。图 3.5(a) 中描述的轴上强度演化,揭示出等离子体作为媒介的时间分裂对由空间光束波形局部收缩引起的有效时间压缩所起的决定性作用。事实上,观察到的压缩动力学再一次由自箍缩机制决定,并且定性地符合 3.1 节中的情况,对照图 3.2(a)。当等离子体散焦开始令光学坍缩饱和时,开始引发脉冲分裂(见图 3.5(b)中峰值强度的演化,实线)。图 3.6(a)显示了在 $z=1.37\mathrm{m}$ 处 (t,r) 平面上的强度分布,明确地显示出下降沿部分的散焦演化成一个环系统。对应的轴上强度波形(图 3.6(b))的互相关频率分辨光学开关法(Cross-correlation Frequency-resolved Optical Gating,XFROG)光谱图[15](对照附录 C),利用一个 10fs 的高斯型参考脉冲进行计算,由于脉冲上升沿与下降沿分别产生红色和蓝色频率,其显示出一个倾角。在进一步的传输过程中,该空间环系统的后部在 $z=1.55\mathrm{m}$ 处再聚焦融合在一起,并产生一个蓝移的下降次脉冲(图 3.6(c)、(d))。图 3.5(c)中展示的这一强烈非对称时间分布的轴上时间波形,显示了一个在零延迟点具有局部极小值的特征双峰结构。在模拟中,我们可以将该极小值的起源归结于散焦在零延迟点占据上风这一事实。因此,在零延迟点空间环中包含的能量没有转移回到光轴上(图 3.5(b)中的短画线)。由分裂脉冲的光谱图表示(图 3.6(d)),显而易见,下降次脉冲相比于上升脉冲是有蓝移。这一光谱 – 时间分裂是成丝传输的特征[27-28,35],重要的是,在仅将空间效应合并进来的简化模型框架内,这一分裂现象已经可以彻底解释。初看起来,中央极小值与形成的双峰时间波形的出现,也许看起来像脉冲整形过程中的一个有些任意的中间阶段。这些特征脉冲波形倾向于当等离子体散焦使克尔光学坍缩饱和时出现,为了澄清它们所起的作用,我们探索表示定态的场结构。这些定态的空间 – 时间场分布每时每刻在相互竞争的非线性效应之间保持平衡。接下来的分析围绕着固定高斯型径向波形的限制约束,必须如同 3.1 节那样使用含时的变分法。为进一步帮助计算演化方程(3.6)的定态,采用多光子描述 $w[I]=\sigma_{N*}|\varepsilon|^{2N*}$ 作为电离速率。此处,σ_{N*} 为 $N*$ 光子电离的横截面[36]。由于微扰多光子理论十分适合描述氩气光丝中的相关强度水平,通过对 PPT 理论给出的电离速率进行局部拟合,可以确定数值 $\sigma_{N*}=1.94\times10^{-74}\mathrm{cm}^{2N*}\mathrm{W}^{-N*}$ 与 $N*=6.13$ 被确定。由于此处使用的模型完全忽略了色散,时间变量能被看作是一个参数。因此关于定态最广义的拟设写作:

$$\varepsilon=R_{\mu(t)}(r,t)\exp(\mathrm{i}\mu(t)z) \tag{3.12}$$

这里,允许传输常数 μ 明确具有显示时间依赖性。将式(3.12)代入动力学式

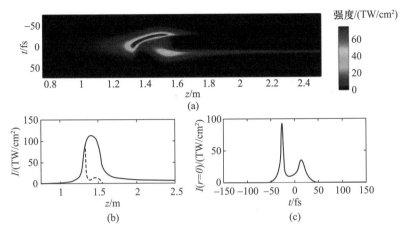

图 3.5　(a)沿 z 轴方向轴上时间波形的演化。一旦等离子体散焦使光学坍缩饱和，
特征时间分裂就发生了。(b)峰值强度(实线)与零延迟点(短画线)
轴上强度的演化。(c)在 $z=1.55\mathrm{m}$ 处轴上时间分布
显示出典型的双峰结构

(引用自 C. Brée et al[34]. Copyright© 2010 Astro, Ltd.)

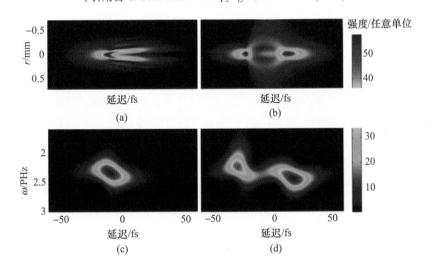

图 3.6　(a)等离子体散焦在 $z=1.37\mathrm{m}$ 处引发脉冲分裂时的 (r,t) 平面上的强度分布。
(b)是对应的光谱图。(c)在 $z=1.55\mathrm{m}$ 处 (r,t) 平面上的分裂脉冲强度分布。
(d)是对应的光谱图

(引用自 C. Brée et al. [34]. Copyright© 2010 Astro, Ltd.)

(3.6)得到以下的非线性微分方程(对照附录 A):

$$0 = \frac{1}{2k_0 r}\partial_r\, r\, \partial_r R_{\mu(t)} + \frac{\omega_0}{c} n_2 R_{\mu(t)}^3 - \frac{1}{2n_0\rho_c}\frac{\omega_0}{c}\rho R_\mu - \mu(t) R_{\mu(t)} \qquad (3.13)$$

该方程任一解 $R_{\mu(t)}$ 依赖于特定选择的 $\mu(t)$，光功率保持守恒 $P = 2\pi\int_0^\infty r dr$ $R_{\mu(t)}^2$，但不包括等离子体密度恒等于零的情形 $\rho \equiv 0$。对于后者无等离子体情形，方程(3.13)的解对应于具有光功率 $P'_{cr} \approx 11.69\, \lambda^2/(8\,\pi^2 n_2)$ 的空间汤斯孤子(Townes Soliton)[37]，与 μ 的选定值无关。注意到汤斯孤子的光功率与临界功率的通常定义 $P_{cr} = \lambda^2/(2\pi n_2)$ 略微不同，有 $P_{cr}/P'_{cr} \approx 1.075$。有等离子体存在时，方程(3.13)的通解需要引入截止时间(cut-off time) $-t_*$，与 3.1 节中变分分析类似，对于 $t < -t_*$，令 $P(t) < P'_{cr}$。利用这一约束，克尔自聚焦既无法补偿 $t < -t_*$ 时的线性衍射，也不会存在非平凡的定态。在 $t = -t_*$ 时解在径向与汤斯孤子符合，因为我们在这一特定时刻假设 $\rho \equiv 0$。利用高斯功率波形 $P = P_{in}$ $\exp(-2t^2/t_p^2)$ 得到 $t_* = \sqrt{\ln\sqrt{P_{in}/P'_{cr}}}$。为了得到那些导致具有守恒高斯功率波形定态解的函数 $\mu(t)$，在 MatLab 中采用了一种标准信赖域方法(Standard Trust-region Method)[38]进行非线性优化。这得到了连续的定态，它们的轴上强度波形如图3.7(a)所示。解的传输常数 $\mu(t)$ 在图3.7(a)中用红色曲线表示。轴上波形具有数值模拟中一样的特征双峰时间结构。参考文献[39-40]中已经先期开展了对稳态解的类似分析,然而并未预言到脉冲分裂。图3.7(b)中显示的 (r,t) 平面上的强度分布显示了等离子体非线性特性将零延迟点周围的时间切片散焦，形成一个空间环，正如在模拟中已经观察到的那样(对照图3.6(a)、(c))。总之，求解方程(3.6)的定态解提供了在等离子体散焦平衡克尔自聚焦的状态下,对轴上时间波形与脉冲分裂很好的精确预测。数值模拟以及直接由非线性薛定谔方程计算得到的定态均证实了出现的双峰强度分布在零延迟点附近散焦。这些时间切片实际上包含了最高的光能量。因为克尔自聚焦的影响关键由光功率而不是强度决定(对照附录 A)，这一行为可能被认为有违直觉。接下来就将仔细考察双峰结构中局部极小值的位置。当相互竞争的非线性效应在任何时刻彼此平衡，通常会观察到出现该极小值。在含时的变分法中[23,41]，该条件导致了关于定态轴上强度波形 $I_0(t)$ 的非线性积分方程(3.10)。在图3.8(a)中显示了方程(3.10)的连续解。非常明显的是，这些解与直接通过非线性薛定谔方程得到的解符合得很好,显示出零延迟点附近具有极小值的特征双峰结构。为了计算极小值的确切位置，将方程

(3.10) 对延迟时间变量 t 求导,并随后在结果表达式中令 $\partial/\partial_t I_0(t)=0$。得到非线性积分方程:

$$0 = \dot{G}(t)I_0^2(t) + \frac{k}{(1+N^*)^2}\frac{I_0^{N^*+1}(t)}{P(t)}$$

$$- 2kN^*\frac{\dot{P}(t)}{I_0(t)}\int_{-\infty}^{t}\mathrm{d}t' K[t,t',I_0(t),I_0(t')] \qquad (3.14)$$

利用 $k = k_0^2 N^* \sigma_{N^*}\rho_0/\pi\rho_c$ 和

$$G(t) = \frac{1 - P(t)/P_{\mathrm{cr}}}{P^2(t)}$$

以及积分核

$$K[t,t',I_0(t),I_0(t')] = \frac{I_0^{N^*+2}(t')}{P^2(t')\left(1 + N^*\dfrac{I_0(t')P(t)}{I_0(t)P(t')}\right)^3}$$

其中:$P_{\mathrm{cr}} = \lambda_0^2/(2\pi n_0 n_2)$。再一次,非线性积分方程 (3.14) 是一个广义的沃尔泰拉 - 乌里松 (Volterra - Urysohn) 积分方程[24]。对方程 (3.14) 积分项采用克伦肖 - 柯蒂斯 (Clenshaw - Curtis) 求积方法,对未知函数 $I_0(t)$ 采用切比雪夫展开,二者方法结合,得到展开系数的一组非线性方程[26],该方程可以采用 MatLab 中非线性优化的标准算法求解[38]。方程的解在图 3.8(a) 中用点线表示。沿这条线正的时间方向移动,解的局部极小值出现得更加明显。这指出了脉冲分裂机制在零延迟点附近更有效地起作用。该分析因此解释了分裂特性比脉冲内部出现极大值功率的时刻更早。尽管变分法提供了一个对稳态精确轴上时间波形的良好估计,如图 3.7(a) 所示,但我们仍然不能期望其与精确解十分吻合,因为变分法利用了如图 3.8(b) 所示的固定高斯型的脉冲径向波形。尤其是,高斯型空间波形的简化假设忽略了这样的事实:等离子体散焦实际上导致了空间环的形成。虽然如此,我们的分析证实了自箍缩与脉冲分裂的趋势。从在数值模拟与实验研究中两方面独立获得的对成丝脉冲分裂现象的观测(结果)出发,研究了非线性薛定谔方程的定态与非瞬时等离子体响应的耦合问题。所得的解提供了一个对强电离成丝通道中等离子体诱导分裂情况出色的预测。精确解与由方程 (3.10) 得到的定态解对照得很好。尤其是,将单个次脉冲分隔开的局部极小值的位置是直接从一个非线性积分方程得到的。获得非线性薛定谔方程定态解的精确法以及变分法二者都证实了在数值模拟中观察到的时间分裂,以及零延迟点周围强度波形出现的局部极小值。总之，我们能得出结论：等离子体散焦令光学击穿饱和，当前关于形成的稳态波形的假设提供了对以前仅在详细的数值模拟中可以获得的物理系统的动力学行为，以及基本的机制的深刻理解。

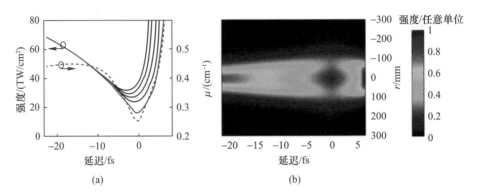

图 3.7　（a）稳态解的轴上时间强度波形（实线）与传输常数 $\mu(t)$（对应于红色曲线，短画线），利用求解方程（3.13）得到，采用高斯型功率波形；（b）用红色标记的空间–时间表示曲线，非平凡定态解只存在于时间窗口 $-t_* \leqslant t \leqslant t_*$

$(t_* \approx 22.4\text{fs})$ 中

（引用自 C. Brée et al.[34]. Copyright© 2010 Astro,Ltd.）

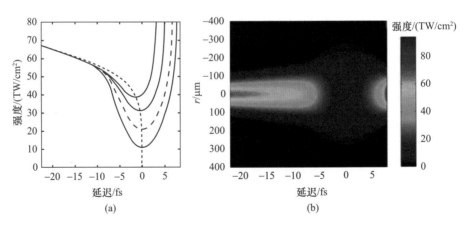

图 3.8　（a）由方程（3.10）通过变分法计算得到的稳态解的轴上强度波形。点线表示方程（3.14）的一个解，指出了局部极小值的位置，

（b）用红色标记的空间–时间表示曲线

（引用自 C. Brée et al.[34]. Copyright© 2010 Astro,Ltd.）

3.3　级联自压缩

到目前为止,讨论了在分裂 - 隔离循环中导致自压缩的成丝状态。除此之外,在紧随非线性焦点之后、在所谓的后电离状态下的成丝状态具有更加丰富的动力学(行为)[42]。当第一种情况通过一个单独强电离状态紧跟一个弱电离、子衍射通道进行表征的时候,后者在后电离状态下表现出多重聚焦的结果,导致脉冲的多重时间分裂。在非线性成丝传输中,重聚焦和多重时间分裂的出现与调制不稳定性的发生紧密相连。这些不稳定性是(光)波非线性传输的特征。原型例子是深水波的本杰明 - 菲尔(Benjamin-Feir)不稳定性[43]与光学中非线性薛定谔方程的空间孤子的方位角调制不稳定性[44]。类似的现象在玻色 - 爱因斯坦凝聚体[45]、等离子体物理[46-47]和短激光脉冲的传输[48-50]中出现并已有报道。在自生光丝中,时间分裂有效地用于压缩飞秒激光脉冲[41,51]。最近,人们开始重拾对这一现象的兴趣,因为它们能导致脉冲振幅或能量密度的不同寻常的增加,并且导致出现所谓的疯狗浪(rogue waves)[52-53]。这些罕见作用出现的概率随其振幅快速下降。因为物理系统是确定性的,从原理上来说,在系统限制内控制输入波可以任意增加波振幅。然而,利用疯狗浪现象[54]或其他高度非线性场景来产生所需的脉冲形状,在技术上受制于控制输入波的可行性。输入波形噪声会在某一点上阻碍脉冲的压缩。在大多数系统中,一个基本的限制源于量子噪声[49]。本节介绍了一种利用高度非线性系统中稀有事件的新方法,在级联过程中同步限制了每一步长中潜在的非线性特性。当该作用用于波形压缩时,后一种措施保持了对输出波的控制。这种级联波形控制可以用短脉冲在自生光丝中的传输进行解释,自生光丝适合用非线性薛定谔方程进行描述[41,51]。根据早前研究讨论,在该系统中,单次压缩循环中的脉冲压缩因子为 3 ~ 5 个数量级[11,15,18,55-56]。值得注意的是,每个单独过程的压缩因子在双重自压缩中几乎保持不变,能够获得总共接近 12 倍的压缩[57]。

为了研究这一级联压缩机制,利用广义非线性薛定谔方程(2.25),对氩气中强飞秒脉冲的传输开展了数值模拟[58-59]。基于下面讨论的实验参数,假设输入脉冲在 800nm 处有 2.5mJ 的能量,以及初始光束束腰为 $w_0 = 2.5$mm。输入脉宽采用 $t_{FWHM} = 120$fs。脉冲利用一个 $f = 1.5$m 的透镜聚焦到稀有气体中。为了确定光丝轴上导致压缩输出波形的小参数范围,通过在 100 ~ 120kPa 范围内改变气体压强,在其他输入参数固定的情况下,进行了参数扫描,如图 3.9 所示。在压强 $p = 106\text{kPa}$ 时,模拟预测了在一个相对短的非线性聚焦区域中的等离子体支配的动力学,接着形成了一条 1m 长的自生通道,在其中实际上没有等离子体形成。定性上来说这对应于在 3.1 节中分析过的数值方案。在无等离子体区域,克尔自聚焦有效地平衡了线性衍射,如图 3.9(a)所示。该图清楚地揭示出在 $z = 1.4\text{m}$ 接近线性焦点的位置,分裂是如何转化为形成一个孤立的、更短脉冲的。分裂最初产生两个脉冲,一个在 $t = -100\text{fs}$ 处,第二个在 $t = 60\text{fs}$ 处。在 $z = 1.6\text{m}$ 处,每个次脉冲约为 40fs 宽,这是分裂的自然结果。向更远处传输时($z = 1.7\text{m}$),在负延迟点的脉冲迅速消失,只留下一个孤立的、变短的脉冲。这一原型的分裂 – 隔离循环已在参考文献[15,18,34]中讨论过,是轴上脉冲自压缩的起因[11]。分裂 – 隔离循环之后,有效地终止生成等离子体,因此在 $z > 1.7\text{m}$ 的延长通道中脉冲整形现在主要由克尔型自折射与线性光学效应之间的相互作用决定。值得注意的是,自聚焦补偿了衍射光学效应,导致了最后非线性传输阶段的子衍射性质,法西奥(Faccio)等人也观察到这一现象[60]。

压强增加到 109kPa,强电离区后面的子衍射通道中的微妙平衡被稍微增加的克尔非线性特性扰动。这增加了在首次非线性焦点后面 0.5m 处引起再聚焦作用的可能性,并且引起二次强电离区的演化(图 3.9(b)、(c))。实际上,在参考文献[61]中已经显示了输入波形 0.5% 的振幅噪声导致在二次焦点上的点对点强度扰动大约为 50%。

当再聚焦时,脉冲经历了第二次分裂 – 隔离循环,表面上与第一次具有相同的行为,即从第 1 次循环中残存下来的脉冲在 $z = 2.2\text{m}$ 处分裂成两个。不同于第一次循环,下降沿脉冲在 $t \approx 80\text{fs}$ 处消失,只留下 $t \approx 50\text{fs}$ 之后的一个孤立的已经再次变短的脉冲。在接下来通道内的非线性传输中,脉冲在 $z = 2.5\text{m}$ 处达到最小脉宽为 16.4fs。进一步增加压强到 $p = 120\text{kPa}$,二次聚焦后得到最小脉宽为 10.9fs。接近 12 倍的压缩主要追溯到两个分裂 – 隔离循环。在之前的实验[11,55-56]与理论研究[15,18]中都未曾观察到这么强的压缩效应。不能将出现的再聚焦过程与在短距离尺度(约 20cm)上出现的聚焦 – 散焦循环[17]混淆,分裂 – 隔离循环的重复过程仅在重复间隔距离大于 50cm 的时候才观察到。除了不同的距离尺度,我们的模拟结果显示出两次循环之间有一个明显的强度下降,并由此导致终止形成等离子体(图 3.9(c)),这进一步表明与之前研究报道过更平缓的聚焦 – 散焦循环存在概念上的差异。

尽管脉宽在表面呈现相同的效应,两个焦点上的坍缩饱和却是通过不同的物理效应实现的。在第一个非线性焦点上($z = 1.5\text{m}$),等离子体散焦与相关的

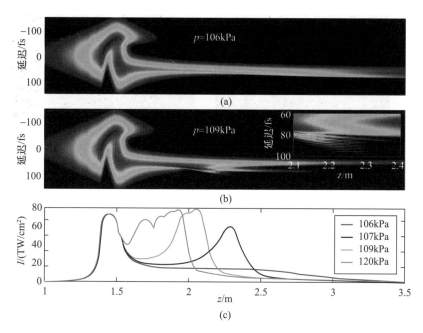

图 3.9　（a）氩气中脉冲自压缩沿 z 方向的轴上强度波形演化为一个子衍射通道，$p=106\mathrm{kPa}$；

（b）在 $p=109\mathrm{kPa}$ 时，双重自压缩情况时对应的演化。插图：二次聚焦后脉冲分裂停止，

伴随形成冲击波；（c）压强从 106kPa 到 120kPa 时轴上峰值强度的演化

（引用自 C. Brée et al. [57]. Copyright© 2010 IOP Publishing，Ltd. ）

损耗项钳制了强度，然而时间效应，尤其是色散，在第二个焦点（$z=2\mathrm{m}$）上取而代之发挥了这个作用。确实，当 $p=107\mathrm{kPa}$ 时，对于 $z>1.75\mathrm{m}$ 的情况，在模拟中忽略等离子体响应（图 3.9（c），蓝线）导致对于第二个压缩阶段具有几乎不变的动力学行为。类似的无等离子体再聚焦作用已经在参考文献[42,62]中讨论过了。然而，随着压强的增加（$p\geqslant1.09\mathrm{bar}$），等离子体对于阻止空间波坍缩再次变得重要，通过不同脉冲时间切片之间的功率交换，色散此时主导了时间动力学。二次分裂作用中在脉冲下降沿产生的色散冲击波（图 3.9（b），插图）进一步强调了色散与自陡峭的强烈影响。

　　为了进一步分析再聚焦作用中脉冲整形作用的光谱–时间特征，通过模拟的轴上数据计算了 XFROG 光谱图，如图 3.10 所示。XFROG 光谱图是一种从脉冲中光谱和时间均匀能量分布来分析特征偏差的便利方法，它也可以被直接测量[63]，同样见附录 C。在高度非线性的场景下，这些光谱图之前已经阐明了光子晶体光纤[64]与光丝[15]中超连续谱产生背后的机理。在单次自压缩机制下，这些图像显示出

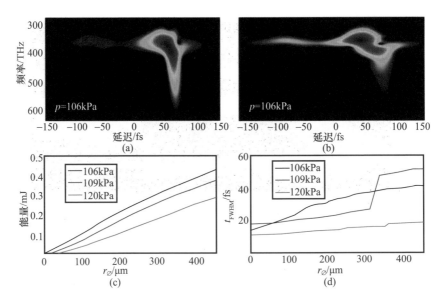

图 3.10 （a）是图 3.9（a）的子衍射通道光场的轴上 XFROG 光谱图，$z = 2.45\,\text{m}$，
$p = 106\,\text{kPa}$；（b）是二次脉冲分裂之后的轴上 XFROG 光谱图，$z = 2.45\,\text{m}$，$p = 109\,\text{kPa}$
（双焦点状态）；（c）是处通过半径r_0的光阑传输到 $z = 2.5\,\text{m}$ 处的输出脉冲能量；

（d）是传输功率波形的时间脉宽（FWHM）

（引用自 C. Brée et al.[57]. Copyright© 2010 IOP Publishing, Ltd. ）

一个特征形状，最适合采用希腊字母 Γ 的镜像进行描述（图 3.10（a）），正如参考
文献[15]中已经讨论过的那样。短脉宽与 Γ 为零的倾斜纵轴紧密联系。向蓝色
扩展的这部分是非对称非线性光谱展宽效应的度量，主要由自陡峭引起[65]。相
比之下，沿着 Γ 有帽子帽檐部分出现的明显水平结构与在分裂–隔离循环中上升
沿脉冲的抑制有关，即脉冲对比度。如果出现第二个分裂–隔离循环，脉冲的光
谱–时间图案以一种特有的方式变化，如图 3.10（b）所示。第二个分裂–隔离循
环之后受抑制脉冲的残余脉冲现在看起来好像是光谱图的蓝色下降基础电平，即
第一个循环之后出现的红色上升基础电平的点对称图形，具有我们在下面将提到
的 Q 波形的形状。展宽效应看起来像图 3.10（b）中沿纵轴方向的光谱红移。因
为成丝自压缩很明显地被限制在围绕光轴的一个小区域里，为了模拟 $z = 2.5\,\text{m}$ 处
的输出脉冲，通过半径r_0的光阑传输的功率波形可由定义 $P_0(t) = 2\pi \int_0^{r_0} \mathrm{d}r\, r I(t, r)$
进行计算，其中 $I(r, t)$ 定义了激光场的空间时间强度分布。传输能量和平均脉宽
与光阑半径r_0之间的关系分别如图 3.10（c）、（d）所示。这清楚地表明，对于给定

的初始条件,由于两方面的原因,双重自压缩优于单次聚焦方案。首先,对于 120kPa 时的双重压缩方案,脉宽(绿色曲线)随 r_0 增加得不快;其次,只有对于这种方案,才能获得在亚 20fs 脉宽下能量为 0.3mJ 的输出脉冲。

图 3.11(a)显示了从反 Γ 到 Q 形状转变的细节图像,计算得到了 z 从 195 ~ 245cm 范围内的放大光谱图。在该序列图的初始光谱图中,典型 Γ 形状的纵轴扩展到蓝光波段范围内。然而当靠近第二个焦点的时候,向蓝端的光谱扩展随着紧跟其后出现的红移而减小。红移伴随蓝色下降基础电平的形成而出现,其最终成为反 Γ 形状蓝蓝的残余物。图 3.11(b)进一步显示了在这一转变相中角分辨光谱的图像[60]。这些结构在脉冲的蓝翼与红翼表现出明显不同的行为。该行为与自陡峭的强烈影响有关,它会导致脉冲下降沿部分的蓝移。实际上,在具有正常群速度色散的自聚焦介质中发生的调制不稳定性,将脉冲的这部分整形成一个特有的 X 形状的空间 - 光谱图案[66]。由于克尔自聚焦,X 波已知会在正常群速度色散令光学坍缩饱和的状态下出现。从数学上来讲,它们起源于连续波光束中指数放大的噪声,光束的径向形状为汤斯孤子,它们是简化非线性薛定谔方程的一个定态非稳定的解:

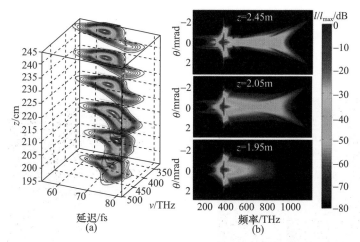

图 3.11　(a)通过第二个焦点传输过程中沿 z 方向的 XFROG 光谱图的演化,
(b)对应的角分辨远场光谱

(引用自 C. Brée et al.[57]. Copyright© 2010 IOP Publishing,Ltd.)

$$\partial_z \varepsilon = \frac{i}{2k_0} \Delta_\perp \varepsilon - i \frac{\beta_2}{2} \frac{\partial^2}{\partial t^2} \varepsilon + i \frac{\omega_0}{c} n_2 |\varepsilon|^2 \varepsilon \qquad (3.15)$$

其中,群速度色散系数 $\beta_2 > 0$。在空间 - 时间域中,已经表明了这一不稳定性是引发出现时间分裂与双曲线型冲击波的原因[67-68]。引人注目的是,那些色散主导的动力学过程在压强高于109kPa的状态下依然是可观测的,此时等离子体散焦已经对遏制波坍缩必不可少了。这样一来,在双焦点状态下形成的光场光谱的明显红移可以归因于两个方面:再聚焦阶段脉冲上升沿中的自相位调制,以及由于冲击波产生,脉冲的蓝色光谱量的角色散形成一个空间蓄能池。图3.12(a)显示了空间-时间域中的冲击波,表现出明显的时间非对称性,冲击波只在$t \approx 80\text{fs}$的脉冲下降沿部分出现。这一特有的非对称性在零星周期状态下出现,此时通过算子T与T^{-1},必须在模型中将自陡峭与空间-时间聚焦考虑进来。实际上,预先假设$T=1$,理论预测了在脉冲上升沿与下降沿都会出现时间对称的冲击波,也进行了一个非线性光纤光学背景下的观测[69],此时在脉冲上升和下降部分产生的冲击波源于正常群速度色散与自相位调制之间的相互作用。在脉冲的下降沿部分,图3.12(a)显示了大约位于$t=70\text{fs}$与$r=600\mu\text{m}$处一个空间环的存在。为了更详细地分析这一现象,图3.12(b)给出了激光脉冲的断层扫描图,显示了距离光轴不同径向距离处脉冲的光谱图示。图3.12(a)中显示的空间环同样在图3.12(b)中的XFROG断层扫描图中清晰可见,蓝移约为20THz,对应于载流子频率为375THz。实际上,在光丝白光核心区出现的反斯托克斯波长频移(Anti-Stokes Shifted Wavelengths)的空间环,是一种著名的现象,被称为圆锥辐射(Conical Emission,CE)。近来,圆锥辐射显示出与X波有关联,并且采用类似于切伦科夫辐射(Cerenkov-radiation)的观点对其进行了描述[70]。

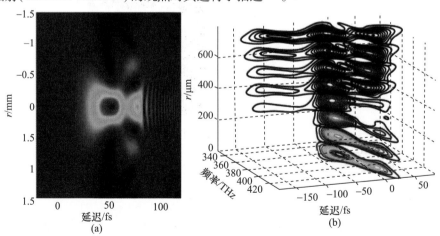

图3.12　(a)成丝脉冲在$z=2.5\text{m}$和$p=1.09\text{kPa}$时(r,t)平面内的强度分布;
(b)距离光轴不同距离r的同一个脉冲的断层扫描XFROG图像

3.3.1　级联自压缩的实验证据

为了实验验证双重自压缩,采用了一台单脉冲能量为5mJ的45fs掺钛:蓝宝石再生放大器系统。激光脉冲能量可通过一个可调光阑进行精密地衰减,并利用一个$f = 1.5m$的透镜聚焦,在空气中产生单根光丝。光丝后的第二个光阑用以分离光丝的核心。经过适当的衰减,光丝核心的时间结构通过光谱相位相干直接电场重构法(Spectral Phase Interferometry for Direct Electric-field Reconstruction, SPIDER)[71-73]进行分析。SPIDER 提供光谱相位,它能与独立测量的光谱结合用来在谱域或时域重构复数值的场包络。此外,该信息也足以通过实验数据直接重构 XFROG 光谱图。

掺钛:蓝宝石再生放大器系统在很大程度上与参考文献[11]中的类似,只是气体容器是不必要的。调节输入光阑,能发现这样的状态:一个单根光丝具有两个明显剥离开的强电离区,分离距离约为 30~40cm。对于这些短脉冲输入,模拟结果显示我们至多能期望 3 倍的压缩。看起来会很有趣的做法是,为了证明全部的压缩潜力,建议可以将45fs的脉冲色散展宽到120fs也许看起来很吸引人。但是这些啁啾脉冲早已经显示出比傅里叶极限(Fourier-limited)的120fs脉冲更宽的带宽,并且压缩也源于线性光学效应。因此,由激光光源提供的45fs短脉冲可以直接作为输入脉冲。

由测量的 SPIDER 数据,重构了如图 3.13(a)所示的 XFROG 光谱图。该光谱图显示了之前讨论过的在氩气中单焦点与双焦点状态的特征,分别对照图 3.10(a)、(b)。由前者,可辨别一个时间展宽的上升基础电平,通常对于自压缩来说这是非常典型的[15]。然而除了之前的实验发现之外,还出现了一个清晰可见的下降蓝移基础电平。这样就形成了一个 Q 形状的光谱图,其表征了第二个分裂 - 隔离循环。这一结构尚未在文献中报道过。值得注意的是,与第一个分裂 - 隔离循环中的上升红移基础电平相比,该结构在时间上展宽得更少,这意味着线性与非线性脉冲整形效应的影响更低。因此,数值模拟对作用过程因果顺序的预测与实验结果呈现出高度一致。这个结果也表明第二个分裂 - 隔离循环与第一个循环的产生机制不同,它导致在主脉冲的反光谱与时间沿(Opposing Spectral And Temporal Edges)形成基础电平。为了将这些实验结果与理论预测比较,将延迟克尔 - 非线性特性考虑进脉冲在分子空气中传输的模型方程中,并进行进一步的数值模拟,利用2.5mJ的高斯输入脉冲,$w_0 = 3.5mm$, $t_{FWHM} = 45fs$,进行补充的数值模拟。这些初始条件

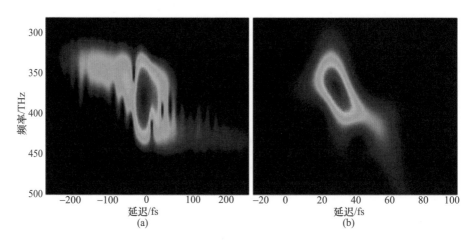

图 3.13　(a)空气中双重自压缩之后输出脉冲的 XFROG 迹线图,由测量的 SPIDER

数据得到;(b)数值模拟得到的双重自压缩之后空气光丝出口处 Q 形状的

XFROG 迹线图,$z = 3\mathrm{m}$

(引用自 C. Brée et al. [57]. Copyright© 2010 IOP Publishing,Ltd.)

尽可能与实验输入脉冲参数匹配。数值模拟显示再聚焦阶段与相应的分裂 - 隔离循环(图 3.14(a))之后,出现了两个清楚的电离区与一个特征的 Q 形状的 XFROG 光谱图(图 3.13(b))。这样,数值数据就再现了测量脉冲的特征,包括红移的上升基础电平与蓝移的下降基础电平,同时在氩气中双重自压缩的数值模拟中也观察到(这个特征)。此外,图 3.14(b)展示了实验谱与理论谱。模拟与实验记录光谱都表现出明显的红移,根据之前的讨论,这是由再聚焦阶段脉冲的空间 - 光谱整形引起的。图 3.14(c)中显示了测量脉冲与模拟脉冲轴上时间波形之间的对比。测量脉冲轴上脉宽为 $t_{\mathrm{FWHM}} = 22\mathrm{fs}$,模拟脉冲为 $t_{\mathrm{FWHM}} = 14\mathrm{fs}$。

级联压缩的场景并不是一个孤立现象,而是在一定的输入脉冲参数与气体组分的范围出现,这将其与高度优化的单次压缩情况区分开来。假设采用不同的气体如氖作为非线性介质[58-59],为了验证这一机制的普适性,利用数值模拟在输入脉冲能量与峰值功率参数范围内遍历输入参数以模拟出这一现象。束腰半径与时间脉宽分别固定为 $w_0 = 5\mathrm{mm}$ 与 $t_{\mathrm{FWHM}} = 120\mathrm{fs}$。观察到的作为输入能量与系统非线性特性(峰值功率归一化到 P_{cr})函数的脉冲变窄现象如图 3.15 所示,白色的为等压线。短画线大致与 100kPa 的压强线共线,标记双重自压缩的下限。从这幅图中,级联自压缩的能力马上变得清晰,它可以引起高达 12 倍

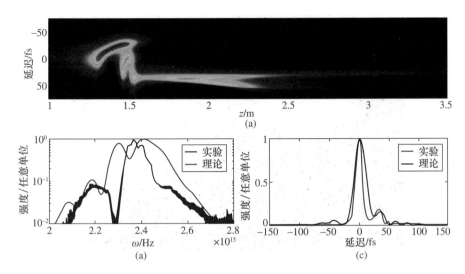

图 3.14　（a）是空气中数值模拟的光丝沿 z 方向的轴上时间强度的演化,显示出
再聚焦阶段与双重分裂过程；（b）是数值模拟与实验中的轴上谱；（c）是由
SPIDER 测量（蓝色曲线）的轴上时间强度波形与由数值模拟（黑色曲线）
获得的在 $z = 3.5\text{m}$ 处的轴上波形的对比

（引用自 C. Brée et al.[57]. Copyright© 2010 IOP Publishing, Ltd.）

的压缩。超过 10 的压缩比位于双重自压缩区域,并且已经能在仅为 3 倍临界
功率的情况下观察到。我们的遍历模拟也显示,对于 3 倍级联的分裂 – 隔离循
环的例子,在最后的循环中其隔离并不完全。总的来说,对于压强超过 160kPa
的情况时,可以看到并不希望的多重时间分裂有不断增加的趋势。重要的是,
级联自压缩在图 3.15 中绘出的参数空间里占据了相当的部分。这与少见的类
疯狗浪（Rogue-wave-like）过程有所区别[53]。

　　开展的数值与实验研究指出了一种有效利用和控制高度非线性波整形机
制的替代方法。与其试着将输入参数限制在一个逐渐变窄的范围内,不如放宽
这些约束以避免输入噪声强烈影响输出波形,这看起来更加有前景。结果表
明,具有波形整形效应的级联物理系统可以获得应用,如要想压缩光脉冲或聚
集能量。这一效应当然也使输入参数空间变窄,它和即时怪波控制相比是较小
的,即时怪波控制表现出快速增强幅度的爆聚（imploding）参数空间[52]。因此,
此处介绍的级联压缩方法不仅为光脉冲压缩,而且也为一系列类似的高度非线
性的物理场景中波形控制的利用开辟了前景。

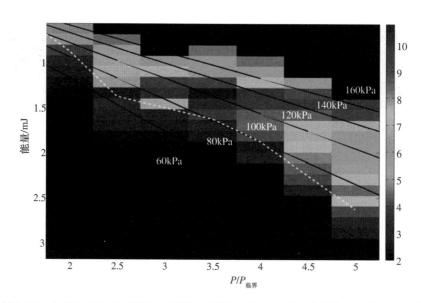

图 3.15　在能量对 P/P_{cr} 平面内,不同初始条件下在氩气光丝中的脉冲压缩比。实线
表示等压线。短画线将子衍射通道状态(下方)与双重自压缩状态(上方)分开
（引用自 C. Brée et al. [57]. Copyright© 2010 IOP Publishing, Ltd.）

3.4　飞秒光丝中的时间自恢复

非线性介质中麦克斯韦方程组的空间时间孤子解[74]是一个有趣的概念,因为这些假设的对象也许能在远大于线性衍射激光光束瑞利范围(Rayleigh Range)的距离上传输电磁能量。确实,随着成丝光传输的发现,首次观察到非线性光学效应可以平衡衍射,导致光的扩展的子衍射通道,并沿其纵轴范围保持一个高的能流。这一意外的性质使参考文献[75]的作者得出这样的结论:飞秒光丝物理学可以采用空间－时间光孤子来描述,然而这个假设并非无可争议[76]。实际上,与空间－时间孤子的概念相反,正像我们在前几节中指出的,光的成丝传输是一个高度动态的过程,聚焦/散焦的反复循环造成了一种假象的稳态[28]。尽管如此,经常观察到光丝是一种非常稳固的对象,与如小水珠一类的对象撞击时其空间波形显示出自恢复能力[77]。这些性质对于非线性传输方程的孤子解是相当典型的,事实表明,光丝动力学传输控制方程的时间平均服从空间孤子解[77-78]。此外,最近首次显示出当成丝光脉冲从气体容器中穿过一个石英窗口时,其时间波形实现自恢复,这个装置在光丝自压缩实验中被普遍使用。也就是说,参考文献

[79－80]中详细的理论分析表明当自压缩激光脉冲穿过石英窗口时,其时间波形经历了一个显著的变化,这是用线性理论无法解释的一种行为。实际上,对于一个初始脉宽为 $t_{FWHM}=10fs$ 的零星周期脉冲,它穿过厚度 $\Delta z=500\mu m$ 的石英样品,根据方程(2.68),可以预期,由于石英的群速度色散($\beta_2=370fs^2/cm$),仅会出现小幅的时间展宽即 $t_{FWHM}=11.2fs$。与此大不同,有关理论工作[80]报道了在一个 0.5mm 厚的石英窗口中,对应的时间展宽分别从初始的 13fs 达到 28fs 和大于 30fs。令人惊讶的是,后者的工作中显示出脉冲离开石英窗口后会再压缩。这一惊人的行为,即出口处窗口中的明显时间展宽以及后续的再压缩,在参考文献[80]中进行了更细致的分析。图 3.16(取自参考文献[79])显示了两个不同脉冲离开出口窗口后并继续在空气中传输时的轴上强度波形演化的模拟结果。两种结构通过出口处窗口的位置进行区分,在图 3.16(a)中,出口处窗口更靠近光丝。上面两幅图清楚地直接显示出离开出口窗口后,轴上波形强烈的时间展宽。此外,很明显,时间自恢复与再聚焦阶段是伴生的。参考文献[79]中已经表明这一再聚焦阶段源于空间自相位调制引起的空间相位曲率,表现为一个聚焦透镜。

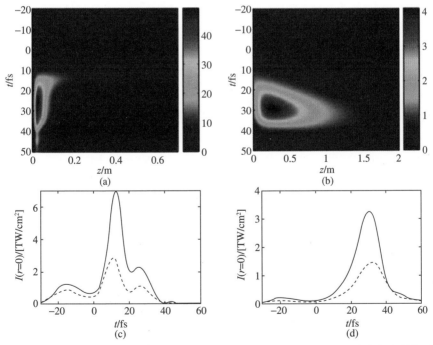

图 3.16　参考文献[79]中数值预测的时间自恢复的主要特征。该图取自参考文献[79]

(引用自 L. Berge et al. L. 2008. Copyright© 2008 American Physical Society)

因此,借助空间 - 时间波形的鲁棒性,成丝光脉冲例证了空间 - 时间孤子解的典型特征,虽然基本的动力学方程在空间和时间上一般不允许无条件稳定的孤子解。由贝尔热(Bergé)等人所做的理论预测为实验研究出口处窗口对成丝传输的影响提供了契机[81]。然而,由于涉及很高的光强,在出口处窗口之前和之后直接测量脉冲波形无法实现,因此导致自压缩的波形演化的细节无法通过实验获得。不过仍有可能获得出口处窗口影响的间接证据,这一点将在下面说明。

3.4.1 实验前提条件

采用的实验装置如图 3.17 中所示。激光源为一台掺钛:蓝宝石再生放大器,输出 45fs,5mJ,束腰半径 $w_0 = 9mm$ 的脉冲。将脉冲激光束用一个 $R = 3m$ 的抛物面反射镜聚焦到一个常压下的填充氩气的容器里,形成一条接近 40cm 长的光丝,在几何焦点前约 10cm 处形成一条略带红紫色的荧光尾迹。为了形成一条稳定的单丝,利用一个可调光阑(D1)选择光束的中心部分。通过第一个光阑的光功率经测量为 1.4W,在重复频率为 1kHz 的时候对应的单脉冲能量为 1.4mJ,峰值脉冲功率为 30GW。这相当于在氩气中 800nm 时自聚焦临界功率的 3 倍。在气体容器的输出端,测量的脉冲能量为 1.2mJ。光束通过 2 个 500μm 厚、布儒斯特角(Brewster-angled)石英窗进入和离开气体容器,之后再用 50μm 后厚的聚丙烯箔(Polypropylene Foils)替换(石英窗)。因为在光束的空间中心成丝自压缩动力学十分明显,光阑 D3 被仔细地调节以选取光束的白光核心部分,其包含的脉冲能量为 0.6mJ。为了诊断光丝容器的输出光谱,使用一台简单的光谱仪以及光谱 SPIDER[71-73,82]。关于 SPIDER 干涉技术的简单概述在附录 B 中给出。为了避免对 SPIDER 装置中的非线性晶体造成损伤,利用一个

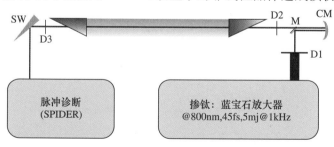

图 3.17 实验装置:可调光阑 D1、D2、D3,曲面镜 CM($R = 3.0m$),镜子 M,石英光楔 SW。脉冲飞秒激光辐射利用一台掺钛:蓝宝石再生放大器产生,重复频率 1kHz,辐射 45fs,5mJ,中心波长 800nm 的脉冲

石英光楔(Silica Wedge,SW)的前反射对光束进行衰减。因为接下来的实验强烈地依赖 SPIDER 数据的精确性,第一步要仔细分析自生光丝输出脉冲重构波形的统计起伏。

图 3.18(a)显示了记录的干涉图(实线)以及重构群延迟的标准差(短画线),它们由一组大约 50 幅测量干涉图计算得到。这里,在输入波长的二次谐波处探测了 SPIDER 迹图,即大约 750THz 处,因为 SPIDER 法依赖于两个光谱被剪切和未转换的复制脉冲,它们在 $\chi^{(2)}$ 介质中通过和频产生。对有效数据取平均,得到对应的光谱与积分光谱相位,如图 3.18(b)所示。在时域中,图 3.18(c)显示了由平均相位(粗实线)重构的时间强度波形。测量脉冲清楚地展现了成丝光弹(Light Bullets)著名的特征非对称性[11,15,65],其脉宽(FWHM)为

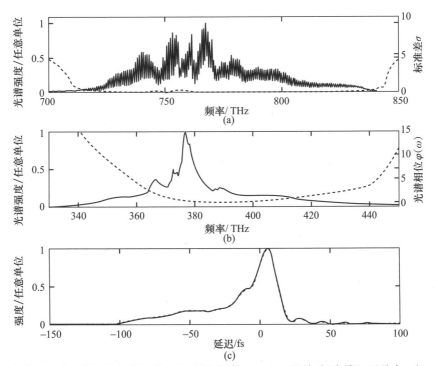

图 3.18　(a)是测量的 SPIDER 干涉图与频率 $\nu = \omega/2\pi$ 的关系(实线),以及由一组约 50 幅干涉图得到的光谱相位(短画线)的标准差;(b)是光丝的某条自压缩脉冲的光谱。短画线显示了平均光谱相位。下凹的相位表示额外的正常色散;(c)是测量脉冲的时域表示。黑线代表利用平均光谱相位进行的重构。亮灰线代表由每一幅测量干涉图重构的脉冲波形

(引用自 C. Brée et al.[81]. Copyright© 2008 American Physical Society)

18fs。此外,同一幅图中显示了各测量干涉图(亮灰线)的脉冲波形。这些测量结果显示出所测的 SPIDER 迹图的调制深度满足在适当的光谱范围内获得足够的精度,尤其是在光谱扩展的蓝翼部分。对于所示的脉冲,这导致脉宽误差不超过 ±1fs。

3.4.2 实验1:窗口位置的变化

在第一个实验中,整个氩气容器的位置沿光轴变化。特别是,在等离子体柱与输出窗口之间取不同位置测量,仍然保持系统的线性色散不会受到影响。窗口位置 Δz 定义为容器的石英输出窗口的内表面与几何焦点位置之间的距离。Δz 取值为 103~111cm,允许的最大变化由实验装置中的实际约束决定。测量结果在图 3.19 中进行了总结。在图 3.19(a)中,给出了 Δz 的最小值与最大值位置处的测量光谱。这个对比清楚地揭示出 Δz 的减小伴随着光谱红色侧翼的抬高,同时随之减小,由脉冲下降沿部分自相位调制与自陡峭引起的蓝色侧翼似乎受到了抑制。实际上,参考文献[80]的数值模拟中观察到了一个类似的行为。SPIDER 装置由一个未知的全局偏移与一个任意的线性依赖关系决定光谱相位 $\Phi(\omega)$。然而,前者只对应一个全局相位因子,后者将整个脉冲在时域转换。因此,考虑到我们仅仅对时间脉冲波形与相位有兴趣,所有相关的信息都隐藏在群延迟色散(Group Delay Dispersion,GDD)里,定义为 $D_2(\omega) = \partial^2 \Phi(\omega)/\partial \omega^2$。因此,并不是测量光谱相位,接下来只考虑对应的群延迟色散。图 3.19(b)显示了在 340~420THz 频率范围内,测量的群速度色散对窗口–光丝距离 Δz 的依赖关系。这显示了群延迟色散表现出强烈的波动,尤其是在红色光谱范围,如载频低于 375THz。实际上,光谱蓝端更小的绝对值与群延迟色散的弱变化可以从自陡峭引起的非对称的光谱展宽得到,这在零星周期域中显得更加重要。自陡峭在脉冲下降沿部分产生新的蓝色光谱成分,并且强烈的定域在时域中[65]。这同样可以通过 3.3.1 节中讨论过的 Γ 形状的 XFROG 光谱图确认。在频域中,这一强烈的定域化特征通过光谱图蓝色部分的几乎平坦的光谱相位得到证明,这在理论与实验两方面多次证实[11,15,65]。由测量光谱与相位重构的时间脉冲波形如图 3.19(c)所示,对于大的窗口–光丝距离 $\Delta z > 109$cm,在实验精度内脉宽是不变的。然而,Δz 的减小导致脉宽的增加。在 $\Delta z \leq 106$cm 时,只观察到小压缩比,脉宽超过 30fs。接下来,函数:

$$V^{\mathrm{GDD}}(\omega_1,\omega_2) = \int_{\omega_1}^{\omega_2} \left| \frac{\mathrm{d}D_2(\omega)}{\mathrm{d}\omega} \right| \mathrm{d}\omega \qquad (3.16)$$

此式度量群延迟色散在 $\omega_1 = 2\pi \times 340\text{THz}$ 与 $\omega_2 = 2\pi \times 425\text{THz}$ 之间的总变化。图 3.19(d) 中画出了 $V^{\text{GDD}}(\omega_1, \omega_2)$ 与 Δz 的关系。Δz 的取值为 103 ~ 109cm，其变化大致上与脉宽有关，在 $\Delta z > 109\text{cm}$ 时情况出现变化，此时，脉宽基本不变，但 V^{GDD} 增加。这些测量清楚地表明压缩比强烈地依赖于出口窗口的位置。实际上，窗口位置的不恰当选择能使得成丝自压缩变得无法观察。然而，为了提供参考文献[79-80]中自恢复机制的证据，显然有必要利用氩气容器内部自压缩效率的实验数据对之前的测量进行补充，由于光丝内部的高光强，这自然难以实现。作为替代，一个无窗口的氩气容器的输出脉冲(下节中描述)提供了氩气容器中自压缩效率的间接证据，进一步证实了容器窗口无法忽略的影响。

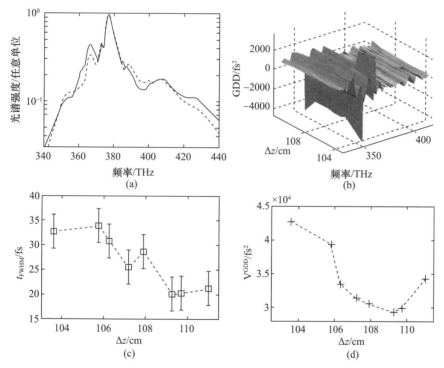

图 3.19　(a) 是小(实线) Δz 与大(短画线) Δz，测量光谱的对比。窗口接近令红色光谱翼上升、蓝色光谱翼下降；(b) 是群延迟色散的变化与窗口位置 Δz 的关系；(c) 是测量脉宽与 Δz 的关系；(d) 是频率范围为 340 ~ 425THz 时，根据方程 (3.16) 计算的总变化 V

(引用自 C. Brée et al.[81]. Copyright© 2008 American Physical Society)

3.4.3　实验2:无窗口测量

接下来,更详细地分析出口窗口的影响,尤其是理论预测由于克尔自聚焦与群延迟色散相互作用引起脉冲显著的时间展宽。为了这一目的,气体容器被放置在 $z=103.6cm$ 处,这时未呈现自压缩效果(见 3.4.2 节)。在第一个实验中,抽真空后的气体容器被仔细地充入氩气直到达到常压,然后激光束耦合进气体容器中。通过第一个小孔进入容器的脉冲能量为 1.2mJ。运用 SPIDER 方法来重构时间脉冲波形与光谱相位。下一步,从气体容器上移走出口处窗口,并用一个 $50\mu m$ 的聚丙烯箔代替。再用一个经乙醇润湿的金属片覆盖聚丙烯箔,以防止在接下来的抽真空阶段箔被压碎。将气体容器抽真空之后,仔细地充入氩气直至达到常压,此时可以移去金属片。激光束接着再次耦合进气体容器,与有窗测量的耦合条件完全相同,即相同的脉冲能量和小孔直径。尽管箔与之前所用的石英窗口相比,厚度仅为其1/10,但与石英窗口相比,其非线性特性与色散几乎未改变①。因此,观察到的脉冲整形动力学中没有显著变化。然而,薄箔在稍高的强度下很容易穿孔,使得可在无窗口容器中进行实验。由于小孔直径非常小,不存在压强差,需要耗时超过 10min,空气才会显著地扩散污染容器内的氩气,这可以从荧光颜色的变化以及超连续谱光谱的变化两方面看到。接下来的测量一直是在无窗口容器工作的头几分钟进行,以此将空气污染的影响降到最小化。此外,由于使箔穿孔的烧蚀过程已经停止,并且接下来功率减小以恢复有窗口测量情况下的输入光束参数,所以仅有气体中形成的等离子体起作用。仔细地调节输入光束参数,以避免在气体容器出口处产生较高的等离子体密度。在图 3.20 中,有窗口(红线)与无窗口(黑线)的结果进行了直接比较。图 3.20(a)中,显示了时间波形。实际上,无窗口情况下的脉冲经历了明显的自压缩,FWHM 脉宽为 20fs,有窗口情况下的脉冲明显脉宽更长(38fs),证实了对于所选择的窗口位置,自压缩无效。实验测量令人印象深刻地证实了由于克尔自聚焦与群延迟色散之间的相互作用,导致了大幅的脉冲时间展宽,其值甚至超过根据线性理论预测的石英中传输 0.5mm 后的展宽幅度。两种情况下测量的 GDD 如图 3.20(b)所示。在两种情况下,红端的波动再一次超过蓝

---

①　利用 $3.8eV$ 的带隙[83]与 $n=1.5$,可以给出 800nm 时聚丙烯的非线性折射率指数的估计为 $n_2=2\times10^{-15} cm^2/W$。该估计基于参考文献[84]。参考文献[85]中指出群速度色散 $\beta_2=300fs^2/mm$。这些数值至少比同样波长下石英的特征值大 5 倍。

端,对于有窗口情况下的脉冲,波动更强。这或许应归因于在石英中传输时脉冲经历的自相位调制。

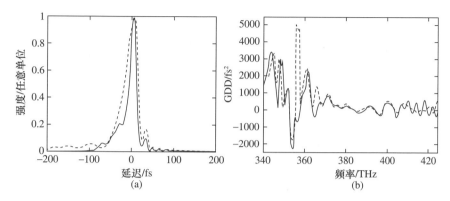

图 3.20 （a）是时间脉冲波形；（b）是有窗口（短画线）与无窗口（实线）情况下,
通过 SPIDER 测量重构的 GDD

（引用自 C. Brée et al. [81]. Copyright© 2008 American Physical Society）

3.4.4 与数值模拟的对比

接下来,采用描述成丝传输的演化方程进行直接数值模拟,以便将我们的实验结果与参考文献[79 - 80]中的自恢复结果联系起来。飞秒成丝中时间自恢复的机理研究需要分析三个不同传输阶段的脉冲动力学:第一阶段,脉冲在通常填充稀有气体的容器内部传输。第二个阶段,脉冲穿过石英窗口,典型厚度为 0.5mm。最后,脉冲在到达脉冲诊断实验装置之前在常压空气中的传输。在稀有气体容器中的第一个传输阶段,可由第 2 章中介绍的包络方程(2.55)恰当地描述。然而,在石英与空气中传输,前者为结晶态的固体,后者为分子气体的混合物,需要一个精细的传输模型。传输方程(2.55)的主要差别源自这样的事实:由于原子核的延迟响应,石英与空气中的克尔响应无法再作为瞬态的进行处理。考虑到非瞬态对非线性克尔响应的贡献,改进的演化方程为

$$\partial_z \varepsilon = \frac{i}{2k_0} T^{-1} \Delta_\perp \varepsilon + iD\varepsilon + i\frac{\omega_0}{c} n_2 T \int R(t-t') |\varepsilon(t')|^2 dt' \varepsilon -$$

$$i\frac{k_0}{2\rho_c} T^{-1} \rho(\varepsilon)\varepsilon - \frac{\sigma}{2}\rho\varepsilon - \frac{U_i W(I)(\rho_{nt} - \rho)}{2I}\varepsilon \tag{3.17}$$

$$\partial_t \rho = W(I)(\rho_{nt} - \rho) + \frac{\sigma}{U_i}\rho I - \frac{\rho}{\tau_{rec}} \tag{3.18}$$

$$\mathcal{R}(t) = (1-f)\delta(t) + f\theta(t)\frac{(1+\omega_R^2\tau_R^2)}{\omega_R\tau_R^2}e^{-t/\tau_R}\sin(\omega_R t) \qquad (3.19)$$

式中：τ_{rec} 为电子 – 离子复合时间；f 为非瞬态克尔响应对总的非线性极化的部分贡献。函数 $\mathcal{R}(t)$ 恰当地描述了分子或结晶态固体中的非瞬态响应[86-87]。氩气中，$f=0$，响应核约化为一个 δ 函数，描述瞬态的电子响应。另外，石英[87]中 $f=0.15$，空气[88]中 $f=0.5$，解释了对克尔效应的非瞬态贡献，这是原子核延迟响应的结果。这也被称为拉曼效应（Raman effect）。一个泵浦光子将基态 $|g\rangle$ 的一个电子激发到一个中间的虚态 $|i\rangle$，之后弛豫到分子的一个激发的转振态 $|v\rangle$。由于转振态的能量高于基态能量，分子从泵浦场中吸收能量，伴随着红移光子辐射。这导致光谱中出现所谓的斯托克斯线（Stokes line），相比于泵浦光发生红移。对应地，蓝移光子源于 $|v\rangle \rightarrow |i\rangle \rightarrow |g\rangle$ 跃迁，产生所谓的反斯托克斯线（anti-Stokes line）。利用式（3.12）～式（3.14）对氩气容器中零星周期脉冲在石英样品内部经自压缩后的动态行为进行分析。式（3.12）～式（3.14）中采用的氩气、石英和空气的所有介质参数在参考文献[80]中以表格的形式列出。至于初始条件，专门采用数值化的方式复制了实验中使用的脉冲飞秒激光光源的参数。尤其，正如之前在参考文献[11,89-90]中已经指出的那样，在入口处窗口前放置一个光阑稳定了光丝，避免了空间破裂，可能有助于获得更大的带宽。此外，参考文献[80]指出了将透镜因子与频率的依赖关系考虑进来的重要性，透镜因子描述了输入脉冲波前曲率。考虑这两个问题，对高斯型输入场的一个恰当选择由下式给出：

$$\varepsilon(r,z,t) = \sqrt{\frac{2P_{in}}{\pi w_0^2}}\exp\left(-\frac{r^2}{w_0^2}-\frac{r^{16}}{r_{ap}^{16}}\right)\times$$

$$\int_{-\infty}^{\infty}d\omega\exp\left(i\frac{(\omega+\omega_0)r^2}{2cf}+i\omega t\right)\widehat{\varepsilon_{in}}(\omega) \qquad (3.20)$$

式中：$\widehat{\varepsilon_{in}}(\omega)$ 为假设的输入脉冲的轴上时间功率波形的傅里叶变换，$\varepsilon_{in}(t) = \exp(-t^2/t_p^2)$。为了和实验数据定性的吻合，$t_p=38.22\text{fs}$，$w_0=9\text{mm}$ 以及 $d_{ap}=2r_{ap}=7\text{mm}$ 对应于光阑的直径，被选作初始条件。焦距由 $f=1.5\text{m}$ 给出，输入峰值功率 P_{in} 大约为 84GW，相当于 8.2 倍的临界功率，通过光阑传输的脉冲能量为 1mJ。初始电场包络的归一化理论轴上时间波形由光谱函数的傅里叶变换 $\widehat{E_{in}}(\omega)$ 给出。方程（3.20）中的透镜因子依赖于频率，这说明不同的频率分量衍射成不同的圆锥角。最初，假设整个传输过程发生在氩气中，对此进行模拟。图 3.21（a）显示了沿传输距离 z，数值模拟得到的轴上时间波形。此处，恢复了著名的分裂－隔离方案[18,57]，时间分裂发生在焦距 $z = 1.5\text{m}$ 处，接着在脉冲下降沿出现隔离。图 3.21(c) 中的黑实线描述了对应的沿 z 方向的脉宽。在模拟中，获得了最小脉宽约 20fs 的自压缩脉冲，与实验观察到的情况类似。接下来，后一个结果与那些在不同传输阶段的实验结果进行比较，即真实实验条件下在氩气、石英和空气中传输的结果。在空气和石英中，除了瞬态的克尔响应 $n_2 I$，延迟的拉曼项对非线性极化也有贡献。NEE 相应地进行了修改，考虑延迟响应对总的非线性极化的相对贡献，f 取 $f = 0.15$（在石英中）和 $f = 0.5$（在空气中）[88]。后一个数值与所有其他采用的介质参数在参考文献[80]中列表给出。对氩气中的初始传输阶段，$f = 0$，因为在原子气体中不出现延迟的拉曼响应。该模拟的复输出包络接着作为石英中 0.5mm 传输的初始条件。最后，将输出的复包络作为最后的空气中传输阶段的初始包络。

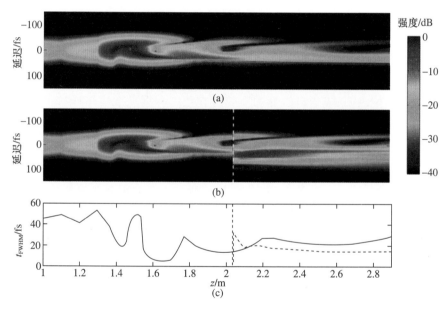

图 3.21　(a) 是一个飞秒脉冲在氩气中传输的轴上强度波形的演化；(b) 是同样的情形，但是在 $z = 2.04\text{m}$($\Delta z = 54\text{cm}$) 处放置一个石英窗，随后在空气中传输。在 (a) 和 (b) 中，0dB $\hat{=}$ 92TW/cm^2；(c) 是氩气中沿 z 方向的脉宽演化（黑线）。短画线：通过 0.5mm 厚的石英窗，沿 z 方向在空气中传输的脉宽

（引用自 C. Brée et al.[81]. Copyright© 2008 American Physical Society）

作为一个例子，图 3.21(b) 显示了该传输序列沿 z 轴的轴上时间强度波形的演化。此处白色短画线标识出口窗的位置为 $z = 2.04\text{m}$，对应于 $\Delta z = z - f =$

54cm。这一模拟定性地再现了参考文献[79-80]中的模拟结果,并且显示了时间自恢复。这同样被图3.21(c)中的短画线所证实,证明了在石英窗中时间展宽从最初的14fs到约33fs,以及接下来在聚焦阶段时间波形自恢复到14fs。事实上,图3.21表明,输出窗口甚至可以有利于脉冲压缩:对于最佳窗口位置($\Delta z = 54cm$),$z > 2.2cm$时的脉宽甚至比无窗口情况更窄(见图3.21(c)中的实线)。然后窗口位置进一步在Δz为34～110cm变化,其中Δz为石英窗内表面与$f = 1.5m$处的焦点之间的距离,与实验类似。对$z = 2.78m$处的输出脉冲进行分析,对应于实验中SPIDER装置的固定位置。图3.22(a)给出了$\Delta z = 62cm$(实线)与$\Delta z = 78cm$(短画线)处的数值光谱,再现了实验观察到的红色光谱翼的上升以及蓝色光谱翼的分解(breakdown)。图3.22(b)给出了沿Δz的群延迟色散。该图定性地再现了实验结果,显示了红色光谱范围内的强烈的群延迟色散扰动。相比之下,光谱蓝端的群延迟色散绝对值小得多,并且随Δz的增大几乎保持为常数,这同样也由实验证实。图3.22(c)中模拟的脉宽随Δz强烈大幅变化,首先从50fs减小到12fs,接着在$\Delta z = 62cm$处再次增加到约30fs。减小Δz,脉宽再次减小直至$\Delta z = 100cm$处的最小值22fs。对更远的距离,脉宽再次增加。因此,模拟表明,成丝自压缩的有效性在很大程度上取决于所选择的窗口位置。显然,对于可比的Δz(103～111cm),测量值与模拟脉宽的定量值不一致,特别是,模拟脉宽在Δz的范围内几乎恒定。这一差异应归因于对初始脉冲的了解不够。众所周知,脉冲自压缩动力学对输入波形[15]非常敏感(约10%)。然而,由于实验测量的脉宽在20～35fs变化,并且随Δz的增大而减小(图3.19(c)),因此它们与60cm $< \Delta z <$ 100cm在范围内的模拟脉冲内进行比较相比,相对于窗口位置,显示出相似的脉宽以及斜率符号。后者同样由如图3.22(d)中$V^{GDD}(\omega_1, \omega_2)$的行为所证实,至少在间隔60cm $< \Delta z <$ 80cm内,大致上与脉宽有关。这很好地再现了实验观察到的行为。

注意到图3.22(c)、(d)中,对于$\Delta z < 48cm$,出口窗内表面上的脉冲能流超过$0.1J/cm^2$。根据参考文献[80,91],这导致在边界处形成明显的非线性菲涅尔反射,此处采用的包络模型[15,92]无法捕捉到这种反射。因此,在图3.22(c)、(d)中,受影响的数据点用灰色圆圈高亮显示,以示出假设模型仅在$\Delta z > 48cm$时严格有效。通过考虑来自测量与模拟脉冲的XFROG光谱图[63],可以更深入地了解时间自恢复的动力学。图3.23(a)给出了由测量光谱与SPIDER相位计算得到的XFROG图像,对应于在$\Delta z = 109.7cm$处离开气体容器出口窗的脉冲,其获得了脉宽为20fs的自压缩脉冲。注意到,光谱图展示了在之前的文献[15,57]中讨论

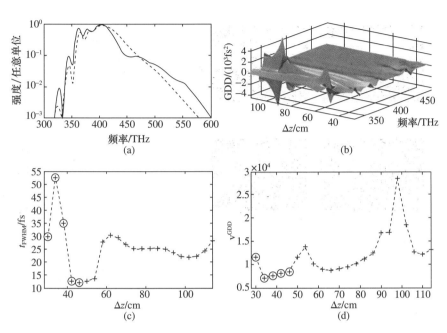

图 3.22　(a)是小($\Delta z = 62\text{cm}$,实线)和大($\Delta z = 78\text{cm}$,短画线)的窗口 – 光丝距离下
模拟光谱的对比。窗口距离令红色光谱翼上升的同时令蓝色翼下降;(b)是群
延迟色散的变化与窗口位置 Δz 的关系;(c)是模拟脉宽与 Δz 的关系;(d)是在
$340 \sim 425\text{THz}$ 的频率范围内,根据方程(3.16)计算的总的变化 V^{GDD}。(c)和(d)
中的圆圈指出在对应的结构中,窗口内表面的脉冲能流超过 0.1J/cm^2,
导致在氩气 – 石英边界处形成重要的非线性菲涅尔反射
(引用自 C. Brée et al.[81]. Copyright© 2008 American Physical Society)

过的著名的反 Γ 形状。相比之下,将出口窗放置在 $\Delta z = 103.6\text{cm}$ 处,由测量脉
冲重建的 XFROG 光谱图如图 3.23(b)所示。此时自压缩零星周期脉冲的再聚
焦,表明其蓝色光谱分量的时间延迟不断增加,最终形成一个蓝色的下降次脉
冲。确实,在实验 XFROG 图中观察到了蓝色光谱分量朝正延迟方向移动。由
于该效应相当不明显,计算了数值差 $\Delta I_X = I_{X,1} - I_{X,2}$,其中 $I_{X,1}$ 与 $I_{X,2}$ 分别表示在
$\Delta z_1 = 103.6\text{cm}$ 和 $\Delta z_2 = 109.7\text{cm}$ 处的 XFROG 强度。根据附录 C 中的方程
(A.27),通过电场包络 ε 计算得到 XFROG 强度 I_X。

　　图 3.23(e)中所示的 ΔI_X 的可视化图像清楚地证实了前面的观点。通过比
较在 $\Delta z = 78\text{cm}$(图 3.23(c))与 $\Delta z = 62\text{cm}$(图 3.23(d))处的数值 XFROG 迹
图,从数值模拟中得到了类似的结果。确实,正如图 3.23(f)中的数差图所揭示

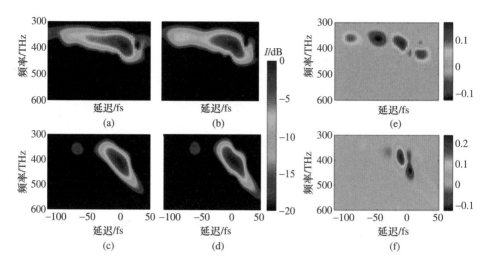

图 3.23　由(a)$\Delta z=109.7$cm；(b)$\Delta z=103.6$cm 处测量的光谱与光谱相位计算得到的
XFROG 光谱图；在(c)$\Delta z=78$cm 和(d)$\Delta z=62$cm 处由模拟数据得到的对应图像；
(e)是图(a)与(b)中给出的实验 XFROG 信号 I_X 的数值差：$\Delta I_X=I_X(\Delta z=103.6\text{cm})-$
$I_X(\Delta z=109.7\text{cm})$的图示；(f)给出了图(c)和(d)中所示的 XFROG 信号的对应量。

所有的 XFROG 光谱图进行归一化，0dB $\widehat{=}$ 1arb. u.

（引用自 C. Brée et al. [81]. Copyright© 2008 American Physical Society）

的那样,蓝色光谱分量朝正延迟方向移动。分析数值数据,证明脉冲在 $\Delta z=$
62cm 处,离开出口窗后经历了更强的自聚焦作用。因此,实际上,根据参考文
献[57]的结果,其蓝色光谱分量预计将显示出额外的正延迟。这由数值模拟与
实验两方面所证实。

最后,进行了数值实验,比较了有窗与无窗结构下的输出脉冲。对于无窗
情形,模拟预测在 $z=2.78$m 时,脉宽 $\Delta t_{\text{FWHM}}=24$fs,而当一个石英窗放置在 $\Delta z=$
62cm 处,则其 $\Delta t_{\text{FWHM}}=32$fs,可参考图 3.24(a)中的时间波形。有窗(红线)与
无窗(黑线)情形下对应的 GDD 如图 3.23(b)所示。实验观测证实(图 3.20
(b)),对于有窗情形,可以观察到红色光谱翼上 GDD 更强烈的抖动。

尽管在输出窗口的位置几乎不可能直接测量脉冲形状或光谱相位,但可以
证明,窗口及其位置对于在光丝压缩器外获得自压缩脉冲非常重要。根据窗口
位置,所研究讨论的自恢复机制要么被激活,要么被抑制。氩气容器在无窗时
的实验也清楚地表明,直接从容器出来的脉冲已经很短了,但是其短的时间特
征也许会被固体窗中色散和非线性特性的突然非绝热变化所破坏。我们的实

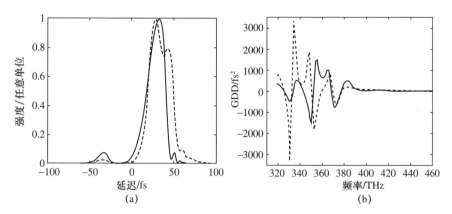

图 3.24 数值方法得到的(a)轴上时间波形,(b)有窗(短画线)与无窗(实线)时对应的 GDD
(引用自 C. Brée et al.[81]. Copyright© 2008 American Physical Society)

验表明,高度色散的、非线性的材料长度居于次要地位,因为即使是薄箔也需要自恢复机制,以便于在容器输出窗口外获得短脉冲。所有这些观测结果强烈地支持理论预测的窗口对短脉冲整形具有的重要性。这些发现也许可以解释有些作者在有窗容器中重现光丝自压缩时所报道的问题:在常压空气中直接自压缩似乎看起来立即起了作用。总的来说,这些观测表明:如果主动调整后窗口位置以使脉冲具有最适宜的宽度,这一通用压缩机制的未来应用能大大简化。

参考文献

[1] C. V. Shank, R. L. Fork, R. Yen, R. H. Stolen, W. J. Tomlinson, Compression of femtosecond optical pulses. Appl. Phys. Lett. 40,761(1982)

[2] B. Schenkel, R. Paschotta, U. Keller, Pulse compression with supercontinuum generation in microstructure fibers. J. Opt. Soc. Am. B 22,687(2005)

[3] J. Laegsgaard, P. J. Roberts, Dispersive pulse compression in hollow-core photonic bandgap fibers. Opt. Express 16,9628(2008)

[4] M. Nisoli, S. DeSilvestri, O. Svelto, R. Szikops, K. Ferencz, C. Spielmann, S. Sartania, F. Krausz, Compression of high-energy laser pulses below 5 fs. Opt. Lett. 22,522(1997)

[5] E. B. Treacy, Optical pulse compression with diffraction gratings. IEEE J. Quantum Electron. 5, 454(1969)

[6] S. Backus, C. G. D. III, M. M. Murnane, H. C. Kapteyn. High power ultrafast lasers. Rev. Sci.

Instrum. 69,1207(1997)

[7] R. Szipöcs, K. Ferencz, C. Spielmann, F. Krausz, Chirped multilayer coatings for broadband dispersion control in femtosecond lasers. Opt. Lett. 19,201(1994)

[8] C. P. Hauri, W. Kornelis, F. W. Helbing, A. Heinrich, A. Couairon, A. Mysyrowicz, J. Biegert, U. Keller, Generation of intense, carrier-envelope phase-locked few-cycle laser pulses through filamentation. Appl. Phys. B 79,673(2004)

[9] A. Demircan, M. Kroh, U. Bandelow, H. Bernd, H. -G. Weber, Compression limit by third-order dispersion in the normal dispersion regime. IEEE Photonics Tech. Lett. 18,2353(2006)

[10] S. Kane, J. Squier, Grism-pair stretcher-compressor system for simultaneous second-and thirdorder dispersion compensation in chirped-pulse amplification. J. Opt. Soc. Am. B 14,661 (1997)

[11] G. Stibenz, N. Zhavoronkov, G. Steinmeyer, Self-compression of milijoule pulses to 7. 8 fs duration in a white-light filament. Opt. Lett. 31,274(2006)

[12] I. Koprinkov, Ionization variation of the group velocity dispersion by high-intensity optical pulses. Appl. Phys. B 79,359(2004). ISSN 0946-2171, doi:10. 1007/s00340-004-1553-z

[13] V. F. D'Yachenko, V. S. Imshenik, Magnetohydrodynamic theory of the pinch effect in a dense high-temperature plasma(dense plasma focus). Rev. Plasma Phys. 5,447(1970)

[14] J. B. Taylor, Relaxation of toroidal plasma and generation of reverse magnetic fields. Phys. Rev. Lett. 33,1139(1974)

[15] S. Skupin, G. Stibenz, L. Berge, F. Lederer, T. Sokollik, M. Schnürer, N. Zhavoronkov, G. Steinmeyer, Self-compression by femtosecond pulse filamentation: experiments versus numerical simulations. Phys. Rev. E 74,056604(2006)

[16] A. Couairon, M. Franco, A. Mysyrowicz, J. Biegert, U. Keller, Pulse self-compression to the single-cycle limit by filamentation in a gas with a pressure gradient. Opt. Lett. 30, 2657 (2005)

[17] L. T. Vuong, R. B. Lopez-Martens, C. P. Hauri, A. L. Gaeta, Spectralreshaping and pulse compression via sequential filamentation in gases. Opt. Express 16,390(2008)

[18] C. Brée, A. Demircan, S. Skupin, L. Bergé, G. Steinmeyer, Self-pinching of pulsed laser beams during filamentary propagation. Opt. Express 17,16429(2009)

[19] R. Fedele, P. K. Shukla, Self-consistent interaction between the plasma wake field and the driving relativistic electron beam. Phys. Rev. A 45,4045(1992)

[20] N. L. Wagner, E. A. Gibson, T. Popmintchev, I. P. Christov, M. M. Murnane, H. C. Kapteyn, Selfcompression of ultrashort pulses through ionization-induced spatiotemporal reshaping. Phys. Rev. Lett. 93,173902(2004)

[21] L. Bergé, A. Couairon, Gas-induced solitons. Phys. Rev. Lett. 86,1003(2001)

[22] A. M. Perelomov, V. S. Popov, M. V. Terent'ev, Ionization of atoms in an alternating electric field. Sov. Phys. JETP 23,924(1966)

[23] L. Bergé, A. Couairon, Nonlinear propagation of self-guided ultra-short pulses in ionized gases. Phys. Plasmas 7,210(2000)

[24] M. A. Darwish, On integral equations of Urysohn-Volterra type. Appl. Math. Comput. 136,93 (2003). ISSN 0096-3003

[25] E. Babolian, F. Fattahzadeh, E. G. Raboky, A Chebyshev approximation for solving nonlinear integral equations of Hammerstein type. Appl. Math. Comput. 189,641(2007)

[26] C. W. Clenshaw, A. R. Curtis, A method for numerical integration on an automatic computer. Numerische Mathematik,2,197(1960). ISSN 0029-599X, doi:10. 1007/BF01386223

[27] S. L. Chin, Y. Chen, O. Kosareva, V. P. Kandidov, F. Théberge, What is a filament? Laser Phys. 18,962(2008)

[28] M. Mlejnek, E. M. Wright, J. V. Moloney, Dynamic spatial replenishment of femtosecond pulses propagating in air. Opt. Lett. 23,382(1998)

[29] S. Akturk, C. D'Amico, M. Franco, A. Couairon, A. Mysyrowicz, Pulse shortening, spatial mode cleaning, and intense terahertz generation by filamentation in xenon. Phys. Rev. A 76, 063819(2007)

[30] S. Akturk, A. Couairon, M. Franco, A. Mysyrowicz, Spectrogram representation of pulse self compression by filamentation. Opt. Express 16,17626(2008)

[31] C. Conti, S. Trillo, P. D. Trapani, G. Valiulis, A. Piskarskas, O. Jedrkiewicz, J. Trull, Nonlinear electromagnetic X waves. Phys. Rev. Lett. 90,170406(2003)

[32] A. Couairon, E. Gaižauskas, D. Faccio, A. Dubietis, P. D. Trapani, Nonlinear X-wave formation by femtosecond filamentation in Kerr media. Phys. Rev. E 73,016608(2006)

[33] A. Zaïr, A. Guandalini, F. Schapper, M. Holler, J. Biegert, L. Gallmann, A. Couairon, M. Franco, A. Mysyrowicz, U. Keller, Spatio-temporal characterization of few-cycle pulses obtained by filamentation. Opt. Express 15,5394(2007)

[34] C. Brée, A. Demircan, S. Skupin, L. Bergé, G. Steinmeyer, Plasma induced pulse breaking in filamentary self compression. Laser Phys. 20,1107(2010)

[35] V. P. Kandidov, S. A. Shlenov, O. G. Kosareva, Filamentationof high-power femtosecond laser radiation. Quantum Electron. 39,205(2009)

[36] C. Brée, A. Demircan, G. Steinmeyer, Method for computing the nonlinear refractive index via Keldysh theory. IEEE J. Quantum Electron. 4,433(2010)

[37] R. Y. Chiao, E. Garmire, C. H. Townes, Self-trapping of optical beams. Phys. Rev. Lett. 13,479 (1964)

[38] T. F. Coleman, Y. Li, An interior, trust region approach for nonlinear minimization subject to

bounds. SIAM J. Optim. 6,418(1996)

[39] S. Henz, J. Herrmann, Two-dimensional spatial optical solitons in bulk Kerr media stabilized by self-induced multiphoton ionization: variational approach. Phys. Rev. E 53,4092(1996)

[40] E. Esarey, P. Sprangle, J. Krall, A. Ting, Self-focusing and guiding of short laser pulses in ionizing gases and plasmas. IEEE J. Quantum Electron. 33,1879(1997)

[41] L. Berge, S. Skupin, R. Nuter, J. Kasparian, J. P. Wolf, Ultrashort filaments of light in weakly ionized, optically transparent media. Rep. Prog. Phys. 70,1633(2007)

[42] S. Champeaux, L. Bergé, Postionization regimes of femtosecond laser pulses self-channeling in air. Phys. Rev. E 71,046604(2005)

[43] T. B. Benjamin, J. E. Feir, The disintegration of wave trains on deep water Part 1 Theory. J. Fluid Mech. 27,417(1967)

[44] V. I. Bespalov, V. I. Talanov, Filamentary structure of light beams in nonlinear liquids. JETP11,471(1966)

[45] A. Smerzi, A. Trombettoni, P. G. Kevrekidis, A. R. Bishop, Dynamical superfluid-insulator transition in a chain of weakly coupled Bose-Einstein condensates. Phys. Rev. Lett. 89, 170402 (2002)

[46] S. Champeaux, T. Passot, P. L. Sulem, Alfvén-wave filamentation. J. Plasma Phys. 58, 665 (1997)

[47] E. Mjolhus, On the modulational instability of hydromagnetic waves parallel to the magnetic field. J. Plasma Phys. 16,321(1976)

[48] K. Tai, A. Hasegawa, A. Tomita, Observation ofmodulational instability in optical fibers. Phys. Rev. Lett. 56,135(1986)

[49] J. M. Dudley, G. Genty, F. Dias, B. Kibler, N. Akhmediev, Modulationinstability, Akhmediev Breathers and continuous wave supercontinuum generation. Opt. Express 17,21497(2009)

[50] A. Demircan, U. Bandelow, Analysis of the interplay between soliton fission and modulation instability in supercontinuum generation. Appl. Phys. B 86,31(2007). ISSN 0946-2171, doi: 10. 1007/s00340-006-2475-8

[51] A. Couairon, A. Mysyrowicz, Femtosecond filamentation in transparent media. Phys. Rep. 441, 47(2007)

[52] D. R. Solli, C. Ropers, P. Koonath, B. Jalali. Optical rogue waves. Nature450,1054(2007). ISSN 0028-0836

[53] J. Kasparian, P. Béjot, J. -P. Wolf, J. M. Dudley, Optical rogue wave statistics in laser filamentation. Opt. Express 17,12070(2009)

[54] D. R. Solli, C. Ropers, B. Jalali, Active control of rogue waves for stimulated supercontinuum generation. Phys. Rev. Lett. 101,233902(2008)

[55] O. Kosareva, N. Panov, D. Uryupina, M. Kurilova, A. Mazhorova, A. Savel'ev, R. Volkov, V. Kandidov, S. L. Chin, Optimization of a femtosecond pulse self-compression region along a filament in air. Appl. Phys. B 91,35(2008). ISSN 0946-2171. doi:10. 1007/s00340-008-2959-9

[56] P. Hauri, R. B. Lopez-Martens, C. I. Blaga, K. D. Schultz, J. Cryan, R. Chirla, P. Colosimo, G. Doumy, A. M. March, C. Roedig, E. Sistrunk, J. Tate, J. Wheeler, L. F. DiMauro, E. P. Power, Intense self-compressed, self-phase-stabilized few-cycle pulses at 2 μm from an optical filament. Opt. Lett. ,32,868(2007)

[57] C. Brée, J. Bethge, S. Skupin, L. Bergé, A. Demircan, G. Steinmeyer, Cascaded selfcompression of femtosecond pulses in filaments. New J. Phys. 12,093046(2010)

[58] A. Dalgarno, A. E. Kingston, The refractive indices and Verdet constants of the intert gases. Proc. Roy. Soc. A 259,424(1960)

[59] H. J. Lehmeier, W. Leupacher, A. Penzkofer, Nonresonant third order hyperpolarizability of rare gases and N_2 determined by third order harmonic generation. Opt. Commun. 56, 67 (1985)

[60] D. Faccio, A. Averchi, A. Lotti, P. D. Trapani, A. Couairon, D. Papazoglou, S. Tzortzakis, Ultra-short laser pulse filamentation fromspontaneous X wave formation in air. Opt. Express 16, 1565(2008)

[61] C. Brée, A. Demircan, G. Steinmeyer, Modulation instability in filamentary self-compression. Laser Phys. 21,1313(2011). ISSN 1054-660X. doi:10. 1134/S1054660X11130044

[62] S. Eisenmann, A. Pukhov, A. Zigler, Fine structure of a Laser-plasma filament in air. Phys. Rev. Lett. 98,155002(2007)

[63] S. Linden, H. Giessen, J. Kuhl, XFROG—A new method for amplitude and phase characterization of weak ultrashort pulses. physica status solidi(b) 206,119(1998). ISSN 1521-3951

[64] J. Dudley, X. Gu, L. Xu, M. Kimmel, E. Zeek, P. O'Shea, R. Trebino, S. Coen, R. Windeler, Cross-correlation frequency resolved optical gating analysis of broadband continuum generation in photonic crystal fiber: simulations and experiments. Opt. Express 10,1215(2002)

[65] A. L. Gaeta, Catastrophic collapse of ultrashort pulses. Phys. Rev. Lett. 84,3582(2000)

[66] M. A. Porras, A. Parola, D. Faccio, A. Couairon, P. D. Trapani, Light-filament dynamics and the spatiotemporal instability of the Townes profile. Phys. Rev. A 76,011803(R)(2007)

[67] L. Bergé, J. J. Rasmussen, Multisplitting and collapse of self-focusing anisotropic beams in normal/anomalous dispersive media. Phys. Plas. 3,824(1996)

[68] L. Berge, K. Germaschewski, R. Grauer, J. J. Rasmussen, Hyperbolic shockwaves of the optical self-focusing with normal group-velocity dispersion. Phys. Rev. Lett. 89,153902(2002)

[69] G. P. Agrawal, Nonlinear Fiber Optics, 3rd edn. (Academic Press, San Diego, 2001)

[70] D. Faccio, M. A. Porras, A. Dubietis, F. Bragheri, A. Couairon, P. D. Trapani, Conical emis-

sion, pulse splitting, and X-wave parametric amplification in nonlinear dynamics of ultrashort light pulses. Phys. Rev. Lett. 96, 193901(2006)

[71] C. Iaconis, I. A. Walmsley, Spectral phase interferometry for direct electric-field reconstruction of ultrashort optical pulses. Opt. Lett. 23, 792(1998)

[72] C. Iaconis, I. A. Walmsley, Self-referencing spectral interferometry for measuring ultrashort optical pulses. IEEE J. Quantum Electron. 35, 501(1999)

[73] L. Gallmann, D. H. Sutter, N. Matuschek, G. Steinmeyer, U. Keller, C. Iaconis, I. A. Walmsley, Characterization of sub-6-fs optical pulses with spectral phase interferometry for direct electricfield reconstruction. Opt. Lett. 24, 1314(1999)

[74] B. A. Malomed, D. Mihalache, F. Wise, L. Torner, Spatiotemporal optical solitons. J. Opt. B7, R53(2005)

[75] I. G. Koprinkov, A. Suda, P. Wang, K. Midorikawa, Self-compression of high-intensity femtosecond optical pulses and spatiotemporal soliton generation. Phys. Rev. Lett. 84, 3847(2000)

[76] A. L. Gaeta, F. Wise, Comment on self-compression of high-intensity femtosecond optical pulses and spatiotemporal soliton generation. Phys. Rev. Lett. 87, 229401(2001)

[77] S. Skupin, L. Bergé, U. Peschel, F. Lederer, Interaction of femtosecond light filaments with obscurants in aerosols. Phys. Rev. Lett. 93, 023901(2004)

[78] C. Sulem, P. -L. Sulem, *The Nonlinear Schrödinger Equation: Self-Focusing and Wave Collapse*, Applied Mathematical Sciences, (Springer, New York, 1999)

[79] L. Berge, S. Skupin, G. Steinmeyer, Temporal self-restoration of compressed optical filaments. Phys. Rev. Lett. 101, 213901(2008). doi: 10. 1103/PhysRevLett. 101. 213901

[80] L. Bergé, S. Skupin, G. Steinmeyer, Self-recompression of laser filaments exiting a gas cell. Phys. Rev. A 79, 033838(2009)

[81] C. Brée, A. Demircan, J. Bethge, E. T. J. Nibbering, S. Skupin, L. Bergé, G. Steinmeyer, Filamentary pulse self-compression: the impact of the cell windows. Phys. Rev. A 83, 043803 (2011). doi: 10. 1103/PhysRevA. 83. 043803

[82] G. Stibenz, G. Steinmeyer, Optimizing spectral phase interferometry for direct electric-field reconstruction. Rev. Sci. Instrum. 77, 073105(2006)

[83] S. A. Y. Al-Ismail, C. A. Hogarth, Optical absorption of metal-loaded polymer films prepared by vacuum evaporation. J. Mater. Sci. Lett. 7, 135 (1988). ISSN 0261-8028, doi: 10. 1007/BF01730595

[84] M. Sheik-Bahae, D. C. Hutchings, D. J. Hagan, E. W. van Stryland, Dispersion of bound electronic nonlinear refraction in solids. IEEE J. Quantum Electron. 27, 1296(1991)

[85] T. Yovcheva, T. Babeva, K. Nikolova, G. Mekishev, Refractive index of corona-treated polypropylene films. J. Opt. A Pure Appl. Opt. 10, 055008(2008)

[86] P. Sprangle, J. R. Pe nano, B. Hafizi, Propagation of intense short laser pulses in the atmosphere. Phys. Rev. E 66,046418(2002)

[87] A. A. Zozulya, S. A. Diddams, A. G. V. Engen, T. S. Clement, Propagation ynamics of intense femtosecond pulses: multiple splittings, coalescence, and continuum generation. Phys. Rev. Lett. 82,1430(1999)

[88] E. T. J. Nibbering, G. Grillon, M. A. Franco, B. S. Prade, A. Mysyrowicz, Determination of the inertial contribution to the nonlinear refractive index of air, N2, and O2 by use of unfocused high-intensity femtosecond laser pulses. J. Opt. Soc. Am. B 14,650(1997)

[89] J. -F. Daigle, O. Kosareva, N. Panov, M. Bégin, F. Lessard, C. Marceau, Y. Kamali, G. Roy, V. Kandidov, S. L. Chin, A simple method to significantly increase filaments' length and ionization density. Appl. Phys. B 94,249(2009)

[90] J. Bethge, C. Brée, H. Redlin, G. Stibenz, P. Staudt, G. Steinmeyer, A. Demircan, S. Düsterer, Self-compression of 120 Â fs pulses in a white-light filament. J. Opt. 13,055203(2011)

[91] J. R. Peñano, P. Sprangle, B. Hafizi, W. Manheimer, A. Zigler, Transmission of intense femtosecond laser pulses into dielectrics. Phys. Rev. E 72,036412(2005)

[92] T. Brabec, F. Krausz, Nonlinear optical pulse propagation in the single-cycle regime. Phys. Rev. Lett. 78,3282(1997)

第 **4** 章

全光克尔效应的饱和与反转

最近的实验和理论研究均表明[1-3]，在飞秒激光成丝中，空气主要成分的克尔折射率会表现出与强度相关的饱和行为，并且在由聚焦变为散焦非线性特性时其符号发生改变，如图4.1所示（引用自参考文献[2]）。在参考文献[4]中，通过数值模拟分析了这种令人惊讶的行为对飞秒成丝的影响。由于无法在理论上通过克尔折射率的前 n_2 项截断幂级数来模拟非预期的饱和行为，这就凸显了在理论上确定高阶非线性特性的迫切需求。所观察到的饱和行为与目前的成丝传输模型完全相悖，因为到目前为止，人们普遍接受的观点认为，由自由电子引起的折射率变化是抵消克尔自聚焦的主导饱和机制。因此，最近的发展使得参考文献[5]的作者提出了"范式转移"（Paradigm Shift）的可能性假设，他们提出了一个实验，旨在通过测量被测介质中五次谐波的产生效率来阐明高阶非线性的作用。因此，最近关于高阶非线性起主导作用的表述显然需要进一步的研究。

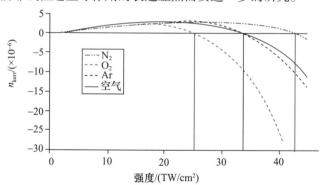

图4.1　标准条件下，空气主要成分的强度相关折射率系数。图片引自参考文献[2]

（引用自 V. Loriot et. al. [2]. Copyright © 2010 Optical Society of America）

本章中,对于不同稀有气体,理论估算了其强度相关的折射率展开系数n_{2k}。

$$n(I) = \sum_{k \geqslant 0} n_{2k} I^k \qquad (4.1)$$

在对文献[6]进行理论研究的基础上,利用克拉默斯－克罗尼希(Kramers-Kronig,KK)理论对任意高阶非线性进行了理论估计。如参考文献[3]中所推测,克尔折射率的饱和行为与强激光场对稀有气体原子的电离紧密相关。使用最近发展的描述强交变电场下原子电离的模型[7],计算了原子同时吸收 K 个光子的电离横截面σ_K。这可将计算得到的多光子吸收光谱,通过 KK 理论,与高阶非线性系数$n_{2(K-1)}$联系起来。在 4.1 节中,简要回顾了线性光学中的 KK 理论及其向非线性光学磁化率的推广。该方法首次通过某些半导体的价带和导带之间的双光子吸收(TPA)横截面来计算非线性折射率n_2[8-9]。实际上,参考文献[8]中的方法获得了非常准确的结果,这起到了积极的作用,它推动将谢赫－巴哈尔(Sheik-Bahae)等人所做工作的原理和结果转化应用到了稀有气体原子的非线性光学响应方面,因为这与飞秒成丝的建模高度相关。

由于了解多光子横截面的知识是利用 KK 变换计算非线性折射率的必备基础,因此,在 4.2 节中,简要讨论了描述强激光场中原子电离的普遍理论。利用最近对波波夫－佩雷罗莫夫－捷连季耶夫(Popov-Perelomov-Terent'ev,PPT)理论的修正[7,10],推导出了原子气体多光子吸收的横截面公式。对参考文献[11]的结果进行扩展,在 4.3 节中,利用 KK 理论,通过双光子吸收横截面对氦、氖、氩、氪和氙的非线性折射系数n_2进行了计算。将n_2的色散结果与文献中确定的值进行比较后,发现二者具有很好的一致性,特别是在长波区域。在 4.4 节中,利用 KK 理论计算获得高阶非线性系数n_{2k}的数值解,进而可计算克尔效应引起的强度相关的折射率变化并观察近来预测的饱和行为,$\Delta n(I) \equiv n(I) - n_0$可以是关于 I 的任意阶。本书对飞秒成丝的理论建模进行了简要的讨论,并指出(由此)获得的相关结果,以及独立获得的结果,可能对飞秒成丝的理论建模造成范式转移的影响。

4.1　线性和非线性光学中的克拉默斯－克罗尼希关系

任何对物理现实的理论描述都服从于因果律的要求。在牛顿力学的框架中,这简单地表明,任何给定的物理系统在 t 时刻的状态只受$t' < t$ 时刻发生的事件的影响。在线性光学中,因果律的要求形成了线性磁化率的实部和虚部之

间的 KK 关系[12-13]。式(2.7)中线性极化率的时域类比可由下式给出:

$$P(\boldsymbol{r},t) = \epsilon_0 \int_{-\infty}^{\infty} \mathrm{d}\tau\, R^{(1)}(\tau) E(\boldsymbol{r},t-\tau) \tag{4.2}$$

其中,光学响应由响应核函数 $R^{(1)}(t)$ 控制,而 $R^{(1)}(t)$ 通过傅里叶变换与线性磁化率 $\chi^{(1)}(\omega)$ 之间相联系。因果律的要求体现在如下恒等式中:

$$R(t) = R(t)\Theta(t) \tag{4.3}$$

式中:$\Theta(t)$ 为亥维赛(Heaviside)阶跃函数,当 $t>0$ 时,$\Theta(t)=1$;当 $t<0$ 时,$\Theta(t)=0$。因此,式(4.2)和式(4.3)简单地表明,只有过去的场结构,即 $t'<t$ 时的 $E(t')$,会对线性光学响应产生影响。然后,式(4.3)中的频域类比给出了 KK 关系,如下式:

$$\chi(\omega) = \frac{1}{\mathrm{i}\pi}\mathcal{P}\int_{-\infty}^{\infty}\frac{\chi(\Omega)}{\Omega-\omega}\mathrm{d}\Omega \tag{4.4}$$

式中:$\mathcal{P}$ 为柯西主值(Cauchy's principal value)。KK 关系更为熟知的表达形式为

$$n(\omega)-1 = \frac{c}{\pi}\mathcal{P}\int_{0}^{\infty}\frac{\alpha(\Omega)}{\Omega^2-\omega^2}\mathrm{d}\Omega \tag{4.5}$$

式(4.5)将色散系数 $n(\omega)$ 和吸收系数 $\alpha(\omega)$ 联系起来。

由式(2.44)可知,线性色散系数 $n(\omega)$ 和吸收系数 $\alpha(\omega)$ 分别与 χ 的实部和虚部相关,因此,式(4.5)所示关系式与式(4.4)完全等效。在非线性光学中,非线性极化强度 P_{NL} 可表示为在电场分量下的一个幂级数,即 $P_{\mathrm{NL}}=P^{(3)}+P^{(5)}+\cdots$,其中第 n 阶项由式(2.20)给出。为了遵循因果律,对于任意 $i=1,2,\cdots,n$,响应函数 $R^{(n)}$ 必须满足如下关系式:

$$R^{(n)}(\tau_1,\tau_2,\cdots,\tau_n) = R^{(n)}(\tau_1,\tau_2,\cdots,\tau_n)\Theta(\tau_i) \tag{4.6}$$

再次,将上述关系式关于所有时间自变量进行傅里叶变换,可以直观地看到,第 n 阶非线性磁化率满足如下 KK 型关系:

$$\chi^{(n)}(-\omega_\sigma;\omega_1,\omega_2,\cdots,\omega_i,\cdots,\omega_n) =$$

$$\frac{1}{\mathrm{i}\pi}\mathcal{P}\int_{-\infty}^{\infty}\frac{\chi^{(n)}(-\omega_\sigma;\omega_1,\omega_2,\cdots,\Omega,\cdots,\omega_n)}{\Omega-\omega_i}\mathrm{d}\Omega \tag{4.7}$$

正如在线性光学中,对于强泵浦光束诱导产生的探测光束,其非线性折射可被改写为

$$\Delta n(\omega;\xi) = \frac{c}{\pi}\mathcal{P}\int_{0}^{\infty}\frac{\Delta\alpha(\Omega;\xi)}{\Omega^2-\omega^2}\mathrm{d}\Omega \tag{4.8}$$

式(4.8)将折射率改变 Δn 与吸收系数改变 $\Delta\alpha$ 联系起来。

此处,根据参考文献[14],变量 ξ 代表吸收率和折射率的变化源项。例如,考虑一束频率为 ω_1 的探测光束和频率为 ω_2 的强泵浦光,泵浦光束引入折射率变化,可由探测光束探测到。

此时,$\xi = \omega_2$,$\Delta n(\omega_1, \omega_2) = \dfrac{3}{4\,n_0^2\epsilon_0 c} Re \chi^{(3)}(-\omega_1; \omega_1, \omega_2, -\omega_2)I$ 以及 $\Delta\alpha$ $(\omega_1, \omega_2) \propto Im \chi^{(3)}(-\omega_1; \omega_1, \omega_2, -\omega_2)I$,上述三式描述了非简并双光子吸收,可查阅式(2.50)和式(2.51)。接下来,将利用上述关系式,根据已知的氦、氖、氩、氪和氙等气体的多光子横截面,来计算其 n_2 和高阶非线性项。

4.2　强激光场中原子的电离

在脉宽内携带数微焦脉冲能量的零星周期光载波激光源,随着传输发展,激光强度可达到使传输介质中大部分原子电离的水平。考虑到飞秒成丝,通常在实验中使用空气或稀有气体,根据经典的激光成丝理论模型,非线性焦点附近的光强处于钳制强度的数量级。对于常压下的氩,此光强对应于约100TW/cm^2。然而,考虑到氩的电离势,光子能量必须达到 $\hbar\omega \geq U_i = 15.7596 eV$,才能产生气体的光子电离,此能量对应的激光波长为 $\lambda \approx 80 nm$,处于极紫外波段,然而飞秒激光成丝通常在可见光或近红外波段考虑。为了解决这一明显的矛盾,可以证明,对于足够高的光强,电离截面微扰展开中的高阶项开始起作用。利用低阶微扰理论(LOPT)[15-16],可以发现,K 阶项对电离速率的贡献为 $w_K = \sigma_K I^K$,其中电离截面如下式所示:

$$\sigma_K \propto \left| \sum_{a_{K-1}} \cdots \sum_{a_1} \frac{\langle f | \boldsymbol{\mu} \cdot \boldsymbol{\epsilon} | a_{K-1} \rangle \cdots \langle a_1 | \boldsymbol{\mu} \cdot \boldsymbol{\epsilon} | g \rangle}{[E_{a_{K-1}} - E_g - (K-1)\hbar\omega] \cdots (E_{a_1} - E_g - \hbar\omega)} \right|^2 \tag{4.9}$$

式中:$|f\rangle$ 和 $|g\rangle$ 为基态和最终电子态,$|a_K\rangle$ 为全部的原子态,对应的能级分别为 E_g 和 E_{a_l};$\boldsymbol{\mu} \cdot \boldsymbol{\epsilon}$ 为电偶极子算符在入射电场极化方向 $\boldsymbol{\epsilon}$ 的投影。速率 w_K 描述了一个原子同时吸收 K 个光子而产生的多光子电离(MPI),此时吸收光子的总能量超过电离势能,即 $K\hbar\omega \geq U_i$。MPI 完全可以用微扰理论来描述。例如,低阶微扰理论已成功用于获得蒸发态金属原子的多光子截面[17]。将低阶微扰理论与计算双电子波函数的从头计算法(ab initio)结合,得到了分子氢的 MPI 截面[18]。

为了利用广义 KK 关系式(4.8)得到高阶克尔系数,对于 MPI 速率 w_K 的精确认识至关重要。事实上,根据幂律强度依赖关系式(参阅4.4节),K - 光子电离产生非线性吸收系数变化 $\Delta\alpha = \beta_K I^{K-1}$。分别考虑到非线性极化方程式(2.19)以及强度相关的折射率 $n(I)$ 的方程式(2.49)的微扰描述的有效性,因此 $\Delta\alpha$ 可以通过广义 KK 关系式(4.8)与 $K-1$ 次高阶项 $\Delta n = n_{2(K-1)} I^{K-1}$ 联系起来。然而,需要强调指出的是,在某些情况下,原子电离的微扰多光子描述在强激光场中并不适用,此时其与所谓的隧穿电离更为相关。为了区分不同的状态,凯尔迪什(Keldysh)[19]在其开创性的工作中分析了类氢原子的强场电离,并引入了所谓的凯尔迪什参数。

$$\gamma = \frac{\omega}{E_0 q_e}\sqrt{2\hbar\omega_p m_e} \tag{4.10}$$

式中:E_0 为电场的振幅;ω 为施加的激光场的频率;m_e 和 q_e 分别为电子的质量和电荷;$\hbar\omega_p = U_i$ 为气体组分的电离势。隧穿图像取决于库仑势垒的形成,而库仑势垒由光学势与原子库仑势的叠加形成。且只有当有质动力势能①(ponderomotive potential)强度 $U_P = q_e^2 E_0^2 / 4 m_e \omega^2$ 超过电离势能强度 U_i 时,上述情况才能满足。需要指出,式(4.10)中的凯尔迪什参数可以写成 $\gamma = \sqrt{U_i/2U_P}$,由此可见,隧穿状态对应的极限为 $\gamma \ll 1$。在这一极限下,施加的交流电场使库仑电势发生变形,如图4.2所示,从而使束缚电子隧穿通过由此产生的势垒。事实上,继凯尔迪什的工作之后,发展了各种基于凯尔迪什理论和对凯尔迪什理论进行扩展的模型。当前强场物理学中普遍采用的模型是 KFR 理论(Keldysh[19]、Faisal[20]、Reiss[21])。凯尔迪什理论是假设 $\gamma \ll 1$ 的隧穿模型,而费沙尔(Faisal)模型是需要满足 $\omega \gg \omega_p$ 和 $U_p \gg U_i$ 的高频近似。参考文献[21]中的模型只需要 $U_p \gg U_i$,因此被称为强场近似(SFA)。SFA 使用严格的 S 矩阵形式来证明必要的近似,并且提供精确地符合测量光谱的光电子光谱。虽然 SFA 提供了极好的光电子光谱,但是佩雷洛莫夫、波波夫和捷连季耶夫提出的电离模型在仅需要总电离速率时可提供更精确的结果。事实上,参考文献[22]已经表明,PPT 的电离速率精确地符合实验数据,而 SFA 给出的估算数据较实验数据低了两三个数量级。在下面,将使用 PPT 提供的电离速率。本书给出了强激光场中原子电离的理论处理和对 PPT 理论的最新修正,给出了隧穿状态($\gamma \ll 1$)特别是多光子状态($\gamma \gg 1$)的精确结果。实际上,微扰极限 $w(I) = \sigma_K I^K$ 提供了吸收截面 $\sigma_K(\omega)$,可以用来计算 $n(I)$ 的幂级数展开系数及其随频率的色散。

---

① 有质动力势能对应于外加电磁场中电子的周期平均颤动能。

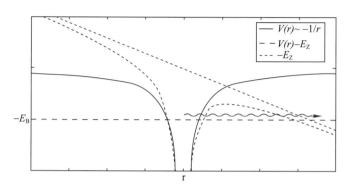

图 4.2　隧道电离。黑色实线表示未畸变的库仑势。黑色点线表示由于电场 E 的
存在而导致的线性电势 E_z，黑色短画线表示原子电势和激光电势的叠加。
灰色短画线表示电子的结合能 $-E_B$

4.2.1　凯尔迪什理论及其推广

在本节中，简要介绍 PPT 理论的理论基础。因为详细地重新推导参考文献
[10]中的电离速率并不是本小节的目的，因此，这里只对基本的物理假设和近
似进行讨论。在本节讨论中，所有的量均以原子单位给出。然而，最终的结果，
即在后续章节中使用的电离速率和多光子截面，为了方便起见，均以国际(SI)
单位表示。原子单位表述中，强激光场中原子的电离问题用薛定谔方程来描
述，$\mathrm{i}\partial_t \psi = H\psi$，哈密顿量为 $H = -\boldsymbol{p}^2/2 + V(\boldsymbol{r}) - \boldsymbol{E} \cdot \boldsymbol{r}$，其中 $V(\boldsymbol{r})$ 是原子的结合
势，$\boldsymbol{p} = (p_x, p_y, p_z)$ 和 $\boldsymbol{r} = (x, y, z)$ 分别为动量和空间坐标，$\boldsymbol{E}$ 是电场。可以证明薛
定谔方程完全等价于如下的积分方程：

$$\psi(\boldsymbol{r}, t) = \int \mathrm{d}^3 \boldsymbol{r}' G(\boldsymbol{r}, t; \boldsymbol{r}', t') \psi(\boldsymbol{r}', t_0) +$$

$$\int_{t_0}^{t} \mathrm{d}t \int_{R^3} \mathrm{d}^3 \boldsymbol{r}' G(\boldsymbol{r}, t; \boldsymbol{r}', t') V(\boldsymbol{r}') \psi(\boldsymbol{r}', t) \qquad (4.11)$$

式中：$G(\boldsymbol{r}, t; \boldsymbol{r}', t')$ 为电子在外电势 $-\boldsymbol{E} \cdot \boldsymbol{r}$ 中的格林函数，格林函数一般可写为
$G(\boldsymbol{r}, t; \boldsymbol{r}', t') = \sum \psi_\alpha(\boldsymbol{r}) \psi_\alpha^*(\boldsymbol{r}') \times \exp(-\mathrm{i}E_\alpha(t - t'))$，其中 ψ_α 为离散或连续的
本征函数，E_α 为对应的本征能量。对于目前的问题，格林函数可写为如下形式：

$$G(\boldsymbol{r}, t; \boldsymbol{r}', t') = \theta(t - t') \int \mathrm{d}^3 \boldsymbol{p} \, \Psi_V(\boldsymbol{r}, t) \, \Psi_V^*(\boldsymbol{r}', t') \qquad (4.12)$$

连续波函数 Ψ_V 表示非相对论沃尔科夫(Volkov)态[23]，并求解出电磁场中

带电粒子的薛定谔方程。Ψ_V表达式如下所示：

$$\Psi_V(\boldsymbol{r},t) = \frac{1}{(2\pi)^{3/2}}\exp\left(i\left[\boldsymbol{\pi}(t)\cdot\boldsymbol{r} - \frac{1}{2}\int_{-\infty}^{t}\boldsymbol{\pi}^2(\tau)d\tau\right]\right) \qquad (4.13)$$

广义动量$\boldsymbol{\pi}$将矢势$\boldsymbol{A}$与电子波函数相耦合。根据如下式：

$$\boldsymbol{\pi}(t) = \boldsymbol{p} - \boldsymbol{A}(t), \boldsymbol{A}(t) = \int_{-\infty}^{t}\boldsymbol{E}(t')dt' \qquad (4.14)$$

$\boldsymbol{\pi}$和$\boldsymbol{A}$分别与运动动量$\boldsymbol{p}$和电场$\boldsymbol{E}$有关。

选取如下式表示空间均匀电场：

$$\boldsymbol{E}(t) = \boldsymbol{E}_0\cos\omega t \qquad (4.15)$$

其中：假设电场是沿x轴线性极化的，即$\boldsymbol{E}_0 = (E_0,0,0)$。当$t_0 \to -\infty$时，电场绝热加载。请注意，尽管在PPT的推导过程中假设电场为单色波，但是得到的结果对于电场$\boldsymbol{E}(t) = \boldsymbol{E}_0(t)\cos\omega t$通常也是普适的，这种形式的电场具有时变包络$E_0(t)$。然后通过分解式(2.27)和式(2.28)，可得到电场的振幅$E_0(t)$等于其复包络的模，即$E_0(t) = |\mathcal{A}(t)|$。此时，凯尔迪什参数可写为如下形式：

$$\gamma = \frac{\omega}{|\mathcal{A}(t)|q_e}\sqrt{2\hbar\omega_p m_e} \qquad (4.16)$$

由于PPT只提供周期平均的电离速率，因此这种涉及时变凯尔迪什参数的推广，对相对于光周期缓慢变化的包络$E_0(t)$是有意义的。参考文献[24]中对此进行了详细地讨论，提供了电离速率随电场瞬时相位的变化。

这里需注意，在凯尔迪什[19]的原创工作中，还应用了所谓的长度规范(length gauge)，其中电磁相互作用对哈密顿量(Hamiltonian)贡献了一项$-\boldsymbol{r}\cdot\boldsymbol{E}$。在速度规范(velocity gauge)中，根据规定$\boldsymbol{p}\to\boldsymbol{p}-\boldsymbol{A}$，通过将矢量势与电子波函数相耦合，可模拟相同的电磁相互作用，即在此速度规范中，哈密顿量为$(\boldsymbol{p}-\boldsymbol{A})^2/2$。显然，在物理现实的理论模型中，任何可测量的量都应该是规范不变的。然而，电子与强激光场相互作用的微扰处理可能破坏规范不变性，并且规范初值的选择严重地影响对应模型的数值结果。在SFA中，选择特定的规范对光电子光谱以及电离速率的影响，在参考文献[25]中已经被广泛地讨论过了。

注意到式(4.11)中右手边的第一项描述了在空间均匀交变电场中自由电子的运动，所以方程(4.11)可以进一步简化。因此，这一项对电离电流没有任何贡献。文献[10]中所用的主要近似为：用未扰动原子束缚态的波函数$\phi_{\ell m}(\boldsymbol{r})\exp(i\kappa^2 t/2)$代替精确波函数$\psi(\boldsymbol{r},t)$，其中$\ell$和$m$分别是角量子数和磁量子数。如果电场强度$E$小于内部原子电场强度，即$E_0 \ll \Theta$，则这种近似是正确的,其中原子单位制中,$\Theta = \kappa^3$。在国际单位制中,$\Theta = \dfrac{4}{q}\omega_p^{3/2}\sqrt{2m_e\hbar}$。这保证了近原子核,即对于 $\kappa r < 1$ 的情况,精确的电子波函数与其未受干扰时的对应波函数 $\phi_{\ell m}(\boldsymbol{r})\exp(\mathrm{i}\kappa^2 t/2)$ 几乎一致。对于 $\kappa r \gg 1$ 的情况,仅当原子势 $V(\boldsymbol{r})$ 消逝得快于 $1/r$ 时,上述近似才正确。对于 $\kappa r > 1$ 的区域,ψ 有别于未扰动波函数,对积分方程(4.11)结果的贡献可忽略不计。上述这些近似等同于假设沃尔科夫态[23]为电离态电子①的最终态。

最后,用 $\phi_{\ell m}(\boldsymbol{r})\exp(\mathrm{i}\kappa^2 t/2)$ 代替 $\psi(\boldsymbol{r},t)$。由于前者可求解定常薛定谔方程,在方程(4.11)的右边可以用 $(\boldsymbol{\nabla}^2 - \kappa^2)\phi_{\ell m}(\boldsymbol{r})/2$ 代替 $V(\boldsymbol{r})\phi_{\ell m}$,得到扰动波函数的估算如下所示:

$$\psi(\boldsymbol{r},t) = \int_{-\infty}^{t}\mathrm{d}t'\int \mathrm{d}^3\boldsymbol{r}'G(r,r',t,t')\frac{1}{2}(\boldsymbol{\nabla}'^2 - \kappa^2)\phi_{\ell m}(\boldsymbol{r}')\exp(\mathrm{i}k^2 t'/2)$$

(4.17)

式中:$\boldsymbol{\nabla}' = (\partial/\partial x',\partial/\partial y',\partial/\partial z')$。假设入射电场是沿 x 轴方向线性极化的,利用式(4.12)和式(4.17),可计算得到穿过垂直于极化轴平面的电子通量如下式所示:

$$J(x,t) = \int\mathrm{d}y\int\mathrm{d}z\, j_x(\boldsymbol{r},t)$$

(4.18)

其中,几率流(probability current)$\boldsymbol{j}$ 的 x 分量 j_x 如下式所示:

$$j_x(\boldsymbol{r},t) = \frac{i}{2}\left(\psi(\boldsymbol{r},t)\frac{\partial}{\partial x}\psi^*(\boldsymbol{r},t) - \psi^*(\boldsymbol{r},t)\frac{\partial}{\partial x}\psi(\boldsymbol{r},t)\right)$$

(4.19)

为了计算几率流,采用波函数的近似表达式(4.17)。最后,采用下式极限可得到电离速率:

$$w(E,\omega) = 2\lim_{x\to\infty}\overline{J(x,t)}$$

(4.20)

式中:$\overline{J(x,t)}$ 为周期平均电离电流。有趣的是,根据下式:

$$w(E,\omega) = \sum_{n\geq v}^{\infty} w_n(E,\omega),\qquad \text{其中 } v = \frac{\omega_p}{\omega}\left(1 + \frac{1}{2\gamma^2}\right)$$

(4.21)

① 这些近似方法的局限性通过引入缀饰的最终或初始电子态而得到部分克服。参考文献[26–27]中采用的缀饰原子态被认为是初始态,比如由于外加交流电场导致的原子能级的移动。这些依赖电场的束缚态,是通过将弗洛凯定理(Floquet's theorem)应用于具有时间周期性扰动的薛定谔方程而推导得到,该扰动是由辐照激光场引起的。为解释长程库仑势,在参考文献[28]中推导了缀饰连续态,正如下面要讨论的那样。

电离速率可分解为 n 光子过程的概率之和。

从大于 v 的最小自然数 n_0 开始进行求和,原因在于实际中,至少需要 n_0 个光子才能够提供原子电离所必需的结合能 ω_p,以及有质动能 $U_p = \kappa^2/4\gamma^2$。$w_n(E,\omega)$ 的数值可由下式求得。

$$w_n(E,\omega) = 2\pi\int\mathrm{d}^3\boldsymbol{p}\,\delta\Big(\frac{1}{2}\Big[\boldsymbol{p}^2 + \kappa^2 + \frac{\kappa^2}{2\gamma^2}\Big] - n\omega\Big)\,|F_n(\boldsymbol{p})|^2 \tag{4.22}$$

再次,被积函数中的 δ 函数要求能量守恒,即 n 光子的能量 $n\omega$ 被吸收并转换为从原子中分离电子所需的能量 $\omega_p = \kappa^2/2$、自由电子的动能 $\boldsymbol{p}^2/2$,以及有质动能。函数 $F_n(\boldsymbol{p})$ 对应于 n 光子过程的动量分辨的光电子能谱,其模量可以通过实验测量得到。采用如下替换,

$$r = (1 + (p_y^2 + p_z^2)/k^2)\,,\ \gamma' = \gamma r,\ \omega' = \omega/r^2,\ p' = p_x/r \tag{4.23}$$

可得到 $F_n(\boldsymbol{p})$ 表达式如下所示:

$$F_n(\boldsymbol{p}) = \frac{i^n}{2\pi}\int_{-\pi}^{\pi}\mathrm{d}\beta\,\chi_{\ell m}(\boldsymbol{\pi}(\beta))\exp\Big\{ - i\frac{\omega_p}{\omega'}$$

$$\Big[\Big(\frac{P'^2}{\kappa^2} + 1 + \frac{1}{2\gamma'^2}\Big)t + \frac{2\,P'}{\kappa\gamma'}\sin\beta + \frac{1}{4\gamma'^2}\sin 2\beta\Big]\Big\} \tag{4.24}$$

式中:$\chi_{\ell m}(\boldsymbol{\pi}(\alpha)) = 1/2(\boldsymbol{\pi}^2(\alpha) + \kappa^2)\,\tilde{\phi}_{\ell m}(\boldsymbol{\pi}(\alpha))$,$\tilde{\phi}_{\ell m}(\boldsymbol{p})$ 是通过三维傅里叶变换从位形空间波函数(the Configuration Space Wavefunction)得到的束缚态电子波函数的动量表示。为了得到积分的近似数值表达式,参考文献[10]的作者做了一些进一步的近似。首先,使用鞍点近似(the Saddle Point Approximation)来计算积分,其中预设了指数项提供快速振荡功能。此时,只有指数的驻点对于积分值有贡献。其次,已证明在空间域中,束缚电子态波函数 $\phi_{\ell m}$ 是需要一步步渐进得到的,即根据鞍点近似,仅当 $r\to\infty$ 时 $\phi_{\ell m}(\boldsymbol{r})$ 的值对于方程(4.24)的积分值有贡献。最后,必须假设初始态的电子波函数对应于一个束缚态电子波函数,且该束缚态电子波函数的势能比按 $1/r$ 规律减小的库仑势减小得更快。因此,参考文献[10]中最终得到的速率,仅严格适用于电子从带负电荷离子上的光剥离(Photo-detachment)等情况,速率表达式如下所示:

$$w_{\ell m}(\gamma,\omega) = \frac{4\sqrt{2}}{\pi}\omega_p C_{n_*\ell_*}^2 \frac{(2\ell+1)(\ell+|m|)!}{2^{|m|}|m|!(\ell-|m|)!}\frac{\gamma^2}{1+\gamma^2}A_m(\gamma) \times$$

$$\Big(\frac{\Theta}{E\sqrt{1+\gamma^2}}\Big)^{-3/2}\exp\Big[-\frac{\Theta}{3E}g(\gamma)\Big] \tag{4.25}$$

式中所有量均已转换回国际单位制。内部原子场强由 $\Theta = \dfrac{4}{q}\omega_p^{3/2}\sqrt{2m_e\hbar}$ 给出。

系数 $C_{n_*\ell_*}^2$ 来自于原子的电子波函数渐近展开，可由下式给出：

$$C_{n_*\ell_*}^2 = \frac{2^{2n_*}}{n_*\,\Gamma(n_*+\ell_*+1)\,\Gamma(n_*-\ell_*)} \tag{4.26}$$

实际上，对于原子氢，波函数渐近展开是确切已知的，可以设定 $\ell_*=\ell$ 和 $n_*=n$，其中 n 和 ℓ 分别是主量子数和轨道量子数。对于更复杂的原子，通过引入有效量子数 $n_* = Z\sqrt{\omega_H/\omega_P}$[29] 和 $\ell_* = n_*$[30-31]，可以获得主量子数和轨道量子数的近似表达式，其中 ω_P 和 ω_H 分别为相应各原子和原子氢的电离势。函数 $A(\gamma)$ 可以表示为以下无穷级数：

$$A_m(\gamma) = \frac{1}{|m|!}\sum_{\kappa\geq v}^{\infty} e^{-\alpha(\kappa-v)}\,w_m\!\left(\sqrt{\beta(\kappa-v)}\right) \tag{4.27}$$

此处，使用了如下符号：

$$w_m(x) = e^{-x^2}\int_0^x e^{t^2}(x^2-t^2)^{|m|}\mathrm{d}t \tag{4.28}$$

$$\alpha = 2\left[\operatorname{arsech}\gamma - \frac{\gamma}{\sqrt{1+\gamma^2}}\right] \tag{4.29}$$

$$\beta = \frac{2\gamma}{\sqrt{1+\gamma^2}} \tag{4.30}$$

$$v = \frac{\omega_p}{\omega}\left(1+\frac{1}{2\gamma^2}\right) \tag{4.31}$$

$$\kappa = \langle v+1\rangle + k,\; k=0,1,2,3,\cdots \tag{4.32}$$

在 κ 的定义中，$\langle x\rangle$ 表示 x 的整数部分。在稀有气体飞秒成丝的典型实验条件下，假设所有原子的取向均匀分布是合理的。因此，对所有可能的磁量子数 m 做平均，后续可认为电离速率为 $w_\ell = \dfrac{1}{2\ell+1}\sum^{\ell}_{-\ell}w_{\ell m}$。此时可得到简化表达式如下所示：

$$w(\gamma,\omega) = \frac{4\sqrt{2}}{\pi}\omega_p C_{\ell_*n_*}^2\frac{\gamma^2}{1+\gamma^2}A_0(\gamma)\left(\frac{\Theta}{E\sqrt{1+\gamma^2}}\right)^{-3/2}\exp\!\left[-\frac{\Theta}{3E}g(\gamma)\right] \tag{4.33}$$

式中：$\ell_* = n_*-1$，且认为当 $m\neq0$ 时，$A_m \ll A_0$。

库仑修正的电离速率

在短程原子势假设下，推导了电离速率方程(4.33)。推导过程忽略了电离的电子与原子剩余电子(the Atomic Residuum)之间的库仑相互作用，不能恰当地描述中性原子的电离作用。在参考文献[28]中,缀饰连续态(Dressed Continuum States),即库仑修正的沃尔科夫函数,用于解释长程相互作用。另一种可选的方法是虚时法(the Method of Imaginary Times)[32]。该方法处理隧穿电子的近垒运动(the Sub-barrier Motion)的手段是准经典的,即它根据牛顿运动方程计算经典电子轨迹。然而,牛顿力学中的能量守恒涉及关系式 $dt = dr/\sqrt{2(E-V)/m}$,其中 E 是守恒能量,V 是势垒。由此可见,近垒运动($E < V$)只能在虚时间内进行经典处理。在求解了具有适当初始条件和边界条件的经典电子隧穿轨迹后,电离率的库仑修正基本上由经典的作用量积分(action integral) $S = \int dt L$ 确定,其中 $L = T - V$ 是电子在库仑势和外部交变电场影响下的拉格朗日量,T 表示动能。事实上,这种方法与半经典理论中使用的类似方法紧密相关,例如,量子力学中熟知的 WKB(温策尔,克拉默斯,布里渊)近似。此外,参考文献[33]还表明,利用鞍点近似,量子力学格林函数的路径积分表示可以近似为

$$G(\boldsymbol{r},t;\boldsymbol{r}',t') \approx \frac{\theta(t-t')}{(2\pi i(t-t'))^{3/2}} \exp(iS(\boldsymbol{r},t;\boldsymbol{r}',t')) \tag{4.34}$$

式中:$S(\boldsymbol{r},t;\boldsymbol{r}',t')$ 为沿连接点 $(\boldsymbol{r},t)$ 和 $(\boldsymbol{r}',t')$ 的经典轨迹计算得到的作用量。另外,相应的半经典方法可用于阿秒物理学中,以描述与阿秒脉冲和高次谐波辐射的产生有关的电子碰撞复合动力学[34-35]。1967 年,Popov 等人利用虚时方法导出原始电离速率 $w(\gamma, \omega)$ 方程(4.25)的库仑修正版本 $w_C(\gamma, \omega)$,得到如下表达式:

$$w_C(\gamma, \omega) = Q w(\gamma, \omega), \quad Q = \left(\frac{\Theta}{E}\right)^{2n_*} \tag{4.35}$$

由于与涉及短程原子势的情况相比,由长程库仑势叠加产生的势垒被强烈地抑制,因此,修正因子 Q 大大增加了电离速率。

4.2.2 PPT 模型的最新修正

最近,根据文献[7]导出了一种优化的电离速率,如下所示:

$$w(\gamma, \omega) = \omega_p \frac{2^{2n^*-2}}{\Gamma^2(n^*+1)} \left(\frac{\omega_p}{\omega}\right)^{-3/2}$$

$$\beta^{1/2} A_0(\gamma) \left(\frac{\Theta}{E(1+2e^{-1}\gamma)}\right)^{2n^*} \times \exp\left[-\frac{\Theta}{3E} g(\gamma)\right] \tag{4.36}$$

式中:$A_0(\gamma)$、$g(\gamma)$、β 等量的定义与式(4.25)一致。并且,利用虚时方法得

到了库仑修正电离速率。然而,与参考文献[36]中的推导不同,参考文献[7]的作者特别强调了微扰极限 $\gamma \gg 1$,并在这种情况下成功地给出了一个非常精确的库仑修正电离速率。因此,这个结果对于具有 $\gamma \gg 1$ 的高强度、高频率的极紫外或 X 射线激光辐射特别有用,例如,由自由电子激光器产生的激光辐射。尽管如此,后一种结果在 $\gamma \ll 1$ 的隧穿情况下同样有效,事实上,对于凯尔迪什参数 γ 的任意频率和任意值也同样有效。由于后续的分析强烈地依赖于 MPI 截面计算的准确性,下面,以式(4.36)作为后者的推导起点。

4.2.3　多光子极限

接下来,在 $\gamma \gg 1$ 的微扰情况下对表达式(4.36)的极限进行了计算,其中

$$g(\gamma) \to \frac{3}{2}\gamma^{-1}\left(\ln 2\gamma - \frac{1}{2}\right)$$

$$\alpha(\gamma) \to 2(\ln 2\gamma - 1)$$

$$\beta(\gamma) \xrightarrow[\gamma \to \infty]{} 2 \tag{4.37}$$

此外,对于较大的 γ 值,可得到

$$\left(\frac{\Theta}{E(1+2e^{-1}\gamma)}\right)^{2n^*} \to \left(\frac{2e\,\omega_p}{\omega}\right)^{2n^*} \tag{4.38}$$

$$\exp\left[-\frac{\Theta}{3E}g(\gamma)\right] \to \exp\left[-\frac{\Theta}{3E}\frac{3}{2}\gamma^{-1}\left(\ln 2\gamma - \frac{1}{2}\right)\right] = (2\gamma)^{-2\omega_p/\omega}\exp\left(\frac{\omega_p}{\omega}\right) \tag{4.39}$$

对于 $\gamma \gg 1$ 的情况,由 $A_0(\gamma)$ 表示的无穷和简化为

$$A_0(\gamma) \to \sum_{k=0}^{\infty}(2\gamma)^{-2(K+k-v_p)}e^{2(K+k-v_p)}w_o\left(\sqrt{2(K+k-v_p)}\right) \tag{4.40}$$

式中:对于一个电离势为 $\hbar\omega_p$ 和 $v_p = \omega_p/\omega$ 的原子,$K = \langle \omega_p/\omega + 1 \rangle$ 是使其电离所需的最小光子数。结合式(4.38)~式(4.40)和式(4.10)中对于 γ 的定义,式(4.36)的电离速率在极限 $\gamma \gg 1$ 条件下可进行下列微扰展开:

$$w = \sum_{k=0}^{\infty}\sigma_{K+k}I^{K+k} \tag{4.41}$$

式中:σ_k,k 光子吸收截面定义见式(4.42)。此外,利用式(2.32)的定义,式(4.16)的凯尔迪什参数用光强 I 表示。将光场强度定义中出现的线性折射率 n_0 设为单位值,即 $n_0 = 1$。因为事实证明,下面仅考虑标准条件下的气体。

展开式的首项对应于所需光子数最小时的 K 光子电离项,而高阶项描述超

阈值电离(ATI)[37]，由于吸收的光子数大于电离所需的光子数，这导致电离电子的过剩动能，大于电离能ω_p。然而，由于 PPT 模型完全忽略了任何内部原子间的共振，对于一些效应，如共振增强 MPI[38]，原子被激发到中间束缚态，然后从中间束缚态被电离，或者称为再散射过程[37]，电子返回到离子化的残余物并散射出去，这种效应在该模型中并没有考虑。由参考文献[7]中电离速率的微扰极限导出的 MPI 截面σ_K如下式所示：

$$\sigma_K = \frac{2\sqrt{2}\,C^2}{\pi}2^{2n^* - 2K}e^{2n^*}\omega_p\left(\frac{\omega_p}{\omega}\right)^{2n^* - 3/2} \times$$

$$e^{2K - \omega_p/\omega}\omega^{-2K}\left(\frac{q^2}{\hbar\omega_p m_e \epsilon_0 c}\right)^K w_0\left[\sqrt{2K - 2\frac{\omega_p}{\omega}}\right] \quad (4.42)$$

每个σ_K都是在$\omega > \omega_p/K$的条件下定义的，其中$\omega_p = U_i/\hbar$是单个光子电离原子所需的最小频率。根据式(4.42)，图 4.3 给出了氩原子($U_i = 15.76\text{eV}$) MPI 截面σ_2、σ_3和σ_4的谱依赖性的对数图。由图 4.3 可以看出，横截面表现出强烈的非对称光谱依赖性，在ω_p/K的 K 光子吸收边缘处，横截面急剧下降到零。

得到电离速率的微扰展开后，便为应用 KK 理论，通过系数σ_K来计算克尔折射率 $\Delta n = n_2 I + n_4 I^2 + \cdots$ 的微扰展开系数n_{2k}奠定了基础。这将是下面几节的目的。

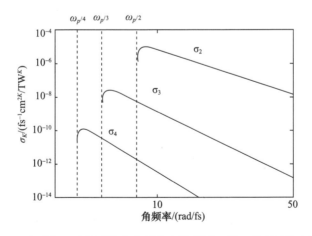

图 4.3　由式(4.42)得到的多光子电离横截面σ_2至σ_4的双对数坐标图

4.3　二阶非线性折射的克拉默斯 – 克罗尼希法

二阶非线性折射是各向同性介质中的一个关键非线性光学机制,包括所有气体、液体和一大类固体。在电介质中,非线性折射引起折射率随强度的增加而增大 $n = n_0 + n_2 I$,进而导致光谱展宽,这是几乎所有飞秒脉冲压缩机制的基础。

虽然固体和液体中的非线性折射通过修正的 KK 关系直接与双光子吸收联系在一起[8-9,39],并且已经用 z 扫描技术[40]在实验上进行了广泛地探索,但是这些都不能用来确定气体中的非线性折射率n_2。尽管在气体介质中这种非线性光谱展宽机制具有很高的技术重要性[41-43],但是对后者的所有理论模拟都依赖于间接测定得到的$n_2 \propto \gamma^{(3)}(-\omega; \omega, \omega, -\omega)$,由三次谐波生成(THG)测量[44]$\gamma^{(3)}(-3\omega; \omega, \omega, \omega)$,或理论计算给出动态超极化率[45-46]$\gamma^{(3)}(-2\omega; \omega, 0)$,主要涉及电场诱导二次谐波产生(ESHG)的情况。此处,通过洛伦兹定律[47-48],可以得到动态超极化率$\gamma^{(3)}$通过与非线性光学磁化率$\chi^{(3)}$的关系。这个定律来源于对局部原子或分子偶极矩和宏观极化 P 之间的比较,可以很容易地推广到非线性光学领域。在非线性光学情况下,将局部电场和非线性极化相关联的高阶展开系数称为超极化率。将洛伦兹 – 洛伦茨定律进行推广,对于三阶超极化率的情况,三阶超极化率$\gamma^{(3)}$与非线性光学磁化率$\chi^{(3)}$之间的关联如下式所示:

$$\chi^{(3)}(-\omega_\tau; \omega_1, \omega_2, \omega_3) = \frac{\rho_0}{3!}\frac{1}{\epsilon_0}\left(\frac{\epsilon(\omega_\tau)+2}{3}\right)\left(\frac{\epsilon(\omega_1)+2}{3}\right)\left(\frac{\epsilon(\omega_2)+2}{3}\right) \times$$

$$\left(\frac{\epsilon(\omega_3)+2}{3}\right)\gamma^{(3)}(-\omega_\tau; \omega_1, \omega_2, \omega_3) \qquad (4.43)$$

式中:$\omega_\tau = \omega_1 + \omega_2 + \omega_3$;$\varepsilon$ 为相对介电常数。

从文献[45,49]对电场诱导二次谐波产生(ESHG)数据进行了整理汇编,并为简并四波混频(DFWM)过程的色散进行了修正[式(4.51)]。使用式(4.49),在 $\nu = 3/2$ 时,对文献[44]中的数据从 $\lambda = 1055nm$ 处进行了定标。括号中的值表示静态极限$n_2(\omega \to 0)$。

尽管在强恒定电场存在的条件下,各向异性介质中二次谐波的产生效率是非常精确可测的,然而 ESHG 系数$\gamma^{(3)}(-2\omega; \omega, \omega, 0)$的波长依赖性不同于控制非线性折射的系数$\gamma^{(3)}(-\omega; \omega, \omega, -\omega)$的色散[49]。仅在 $\omega \to 0$ 的极限情况下,两个系数才相等,即在远红外区域。n_2 最可接受的实验数据可能便是莱迈尔

(Lehmeier)等人测得的数据,测定了惰性气体中的三次谐波生成(THG)效率[44]。由于该数据仅在波长为$1.055\mu m$时测定,因此频率定标通常比较困难。对于氩原子,采用文献[44]中的公式(18),在波长为248nm处得到$n_2 = 1.33 \times 10^{19} cm^2/W$,这与文献[50]中独立测得的$n_2 = 2.9 \pm 1.0 \times 10^{19} cm^2/W$并不一致。最后,这两个值在解释空心光纤压缩器在248nm波长处的高效率方面似乎是不相容的,这表明在248nm波长处n_2的值应该更大[51]。这个例子表明,迫切需要改进定标律并对后者开展更可靠的理论估计。因此,可能由于发表在参考文献[44,50-52]上的关于n_2的实验数据的广泛传播,即使对于最常用的稀有气体,用于建模的数值也典型地存在数量级的变化。

在下面,描述了利用文献[8]中修正的KK关系,从凯尔迪什理论[10,19,53-55]出发,推导稀有气体n_2的另一种方法。然而,需要指出的是,多光子电离截面仅适用于简并情况,即同频光子的吸收。因此,KK理论不能将TPA的简并吸收系数与自折射系数$n_2(\omega) = \dfrac{3}{4n_0^2 \epsilon_0 c} \chi^3(-\omega; \omega, \omega, -\omega)$相联系。取而代之,引入$n_2^{(ND)}(\omega_1, \omega_2) = \dfrac{3}{2n_0^2 \epsilon_0 c} \chi^3(-\omega_1; \omega_1, \omega_2, -\omega_2)$,它描述了频率为$\omega_1$的探测光束所观察到的折射率变化,探测光束由频率为$\omega_2$的强泵浦光诱导产生。这里,由于所谓的弱波延迟(Weak-wave Retardation)[56]引入了一个因数2。这表明,一般来说,由辅助光束引起的非线性效应比相应的自作用效应强2倍。然后,对于非简并$n_2^{(ND)}$,$n_2(\omega_1, \omega_2)$和非简并TPA截面$\Delta\alpha^{(ND)}(\omega_1, \omega_2)$之间的KK关系可写为如下公式:

$$\Delta n(\omega_1, \omega_2) = n_2(\omega_1, \omega_2) I = \frac{c}{\pi} \mathcal{P} \int_0^\infty \frac{\Delta\alpha^{(ND)}(\Omega, \omega_2)}{\Omega^2 - \omega_1^2} d\Omega \qquad (4.44)$$

式中:$\mathcal{P}$为柯西主值。不幸的是,对于稀有气体中的非简并TPA或多光子吸收截面的色散,既没有理论研究也没有实验研究。因此,必须使用参考文献[8]中成功使用的估计值,利用KK理论,通过TPA系数计算固体中的非线性折射率。利用简并情况下的TPA系数$\alpha(\omega)$,在后者的工作中,使用了$\Delta\alpha^{(ND)}(\omega_1, \omega_2) = 2\Delta\alpha^D((\omega_1 + \omega_2)/2)$的估计值,其中由于弱波延迟引入了一个因数2。当然,后者的近似仅在$\omega_1 \approx \omega_2$的条件下合理。然而,注意到式(4.44)中分母的存在极大地提高了ω_1附近的频率Ω的权重,上述近似就是合理的。实际上,在参考文献[8]中得到了与固体中非线性折射率实测值显著一致的数值。根据下式[57]:

$$\Delta\alpha(\omega) = 2\hbar\omega \rho_0 \sigma_2(\omega) I \qquad (4.45)$$

可将 TPA 吸收系数 $\Delta\alpha_2(\omega)$ 与 TPA 截面 $\sigma_2(\omega)$（简并条件下）联系起来。

因此，根据上述考虑，令式（4.44）中的 $\omega_1 = \omega_2 = \omega$，自折射的 KK 关系可以表示为

$$n_2(\omega) = \frac{\hbar c \rho_0}{\pi} \mathcal{P} \int_0^\infty \frac{\sigma_2\left(\frac{1}{2}(\Omega + \omega)\right)}{\Omega - \omega} \mathrm{d}\Omega \tag{4.46}$$

为了求式（4.46）形式的积分，本书采用了基于快速傅里叶变换（FFT）的方法。这可能是因为事实证明式（4.46）中的积分变换与希尔伯特变换（Hilbert Transform，HT）$\mathcal{H}$ 密切相关。一个函数 f 的希尔伯特变换定义为

$$\mathcal{H}[f](\omega) = -\frac{1}{\pi} \mathcal{P} \int_{-\infty}^\infty \frac{f(\Omega)}{\Omega - \omega} \mathrm{d}\Omega \tag{4.47}$$

通过下面的公式可将希尔伯特变换 $\mathcal{H}$ 与傅里叶变换 $\mathcal{F}$ 联系起来。

$$\mathcal{F}[\mathcal{H}[f]](\omega) = -\mathrm{isgn}(\omega)\mathcal{F}[f](\omega) \tag{4.48}$$

数值上，这是用 FFT 方法计算的。式（4.46）得到了氦、氖、氩、氪和氙 5 种稀有气体 n_2 的色散随波长的变化。将这些计算结果与独立实验和理论数据进行对比，结果如图 4.4 所示。实验结果主要取自 Lehmeier 等人所做的[44]三次谐波效率测量，这些测量数据可能是最为普遍接受的稀有气体 n_2 的实验数据。由于所有数据均是在波长为 $2\pi c/\omega' = 1055\mathrm{nm}$ 处得到的，推算至如图 4.4 所示的角频率 ω 范围，表明 n_2 的色散与波长的关系。为此，使用了参考文献[44]最初建议的关系式，利用 $\nu = 3$ 来定标 THG 数据：

$$n_2(\omega) = \frac{v\omega' - \omega_p}{v\omega - \omega_p} n_2(\omega') \tag{4.49}$$

需记住的是，在毕晓普（Bishop）和皮平（Pipin）[49]的理论计算中，简并四波混频（DFWM）系数 $\gamma^{(3)}(-\omega;\omega,\omega,\omega)$ 随波长的定标与三次谐波生成（THG）系数 $\gamma^{(3)}(3\omega;\omega,\omega,\omega)$ 的不同。通过理论计算[46,49]和测量[45]，各目标气体超极化率的数据得到了扩充。然而，由于参考文献[49]中没有提供数据，超极化率数据只提供了电场诱导二次谐波产生（ESHG）效率，却又不幸地表现出不同的色散行为。因此，在没有进一步处理的情况下，很明显该数据只能用于估计长波极限 $n_2(\omega \to 0)$。根据参考文献[49]的大量工作，在长波极限范围内，第三阶超极化率可以扩展为如下式所示的偶幂级数，这个问题便可得到解决。

$$\gamma^{(3)} = \gamma_0(1 + A\omega_L^2 + B\omega_L^4 + \cdots) \tag{4.50}$$

其中，$\gamma_0 = \gamma^{(3)}(0;0,0,0)$。参考文献[59]证明了所有三阶非线性过程的系数 A

均是相同的,并且频率定标的差异由参数 $\omega_L^2 = v\omega^2$ 决定,其中 $v = 12,6$ 和 4 分别对应于三次谐波生成(THG)、电场诱导二次谐波产生(ESHG)和简并四波混频(DFWM)。

由于 $v_{\mathrm{DFWM}}:v_{\mathrm{ESHG}} = 2:3$,显然根据下式可对 ESHG 数据进行重新标定,进而得到与简并四波混频相关的超极化率:

$$\gamma_{\mathrm{DFWM}}(\omega) \approx \gamma_0 \left[\frac{\gamma_{\mathrm{ESHG}}(\omega)}{\gamma_0} \right]^{2/3} \tag{4.51}$$

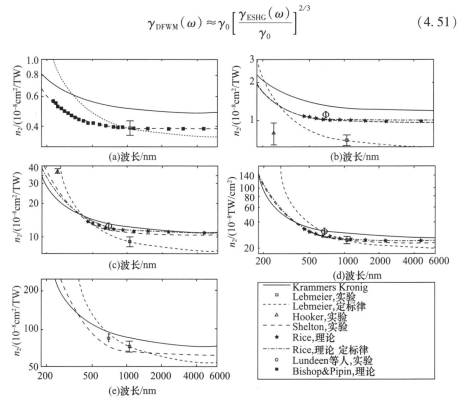

图 4.4　根据式(4.46),氦(a)、氖(b)、氩(c)、氪(d)和氙(e)在长波情况下的非线性折射率

图 4.4 中方形图标表示莱迈尔(Lehmeier)等人得到的实验数据[44]。三角形图标表示胡克(Hooker)等人的实验数据[50],五角星表示莱斯(Rice)等人的理论数据[46]。圆形图标表示伦丁(Lundeen)等人的实验数据[60]。实心方形图标表示毕晓普(Bishop)和皮平(Pipin)得到的理论数据[49]。实线表示根据式(4.46)得到的 n_2。短画线表示文献[45]中的实验数据,使用式(4.51)进行了重新定标。短画线–点线表示文献[46]的理论计算,根据定标律公式(4.50)进行了插值。点线表示借助式(4.49)对 Lehmeier 的数据[44]进行了重新定标。

同样,对于像氖和氩等气体,在 248nm 波长[50]处,这个调整提供了与实验数据更加一致的结果,但未能解释所报道的氖的值,以及由于与双光子共振局部一致而导致氙较大的负的 n_2 值。将 ESHG 数据包括进来的主要原因是其更高的可靠性。通常,ESHG 数据的精度可达到约 2% 或更高,而所有确定超极化率的三光场(three optical fields)方法,像 DFWM 或 THG 测量等,测量精度达到 10% 已经被认为是极其可靠的了。观察图 4.4 中的数据,在长波极限范围内所有估算 n_2 的不同方法在 20% ~30% 范围内均彼此一致。这里有两个考虑:一是采用根据 PPT 理论做出的近似;二是假设这里使用的关于非简并 TPA 吸收系数具有频率依赖性,那么式(4.46)在红外和可见光中给出了 n_2 的极好估算值,与测量的超极化率和 ESHG 数据相比,略微低估了非线性折射率。在红外极限 $\omega \to 0$ 范围内,ESHG 数据和 KK 展开之间的差异通常只有 10% ~20% 。参考文献[11]中忽略了 TPA 截面的频率依赖,与参考文献[11]相比,在 500nm 以下,KK 展开与独立的理论和实验工作结果取得了很好的一致性。表 4.1 列出了 800nm 处 n_2 值的汇总,这可能是目前脉冲压缩实验中最重要的波长。需注意的是,吸收光谱 σ_K 来源于强场电离速率,通常与实验数据在数量级上一致便认为是合理的,KK 方法得到的结果与引用文献中理论和实验工作得到的 n_2 值达到了很好的一致。特别是,考虑到静态极限 $n_2(\omega \to 0)$,KK 方法的计算值与引用的实验和理论参考值相比,偏离不超过 15% 。

表 4.1　800nm 处和常压时的非线性折射系数 n_2

$n_2/(10^{-8} cm^2/TW)$	方程(4.46)	参考文献[44]	参考文献[45,49]
He	0.52(0.48)	0.40	0.40(0.38)
Ne	1.31(1.18)	0.71	0.99(0.96)
Ar	12.68(10.84)	9.46	11.2(10.4)
Kr	30.69(25.63)	25.9	25.6(23.17)
Xe	91.58(73.87)	77.0	69.8(61.39)

对于超极化率的静态极限 $\gamma^{(3)}(0;0,0,0)$,在式(4.43)和式(2.50)的帮助下,通过将超极化率与克尔系数 n_2 联系起来,可以得到一个完全的解析表达式如下所示:

$$\gamma^{(3)}(0) = \frac{8\epsilon_0^2 c}{\rho_0} n_2(0) \tag{4.52}$$

其中,使用了 $n_0 = \sqrt{\epsilon} \approx 1$ 。在 $\omega \to 0$ 的极限条件下,求解式(4.46),可获得最终结果如下:

$$\gamma^{(3)}(0) = \frac{64e^4\hbar^2\epsilon_0^2}{\omega_H^4 m_e^3}F(n_*) \tag{4.53}$$

其中,函数$F(n_*)$描述了n_2随气体组分的有效主量子数$n_* = \sqrt{\omega_H/\omega_p}$的定标关系,并给出了如下的积分表示:

$$F(n_*) = \frac{(8e)^{2n_*}}{\Gamma^2(n_*+1)}n_*^{10}\int_0^1 dx\, x^{2n_*+\frac{3}{2}}e^{-2x}w_0[2\sqrt{1-x}] \tag{4.54}$$

$\gamma^{(3)}(0)$随原子电离势的变化如图4.5中短画线所示。

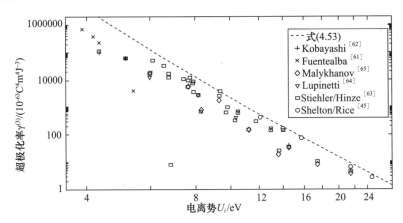

图4.5　各原子的静态极限$\gamma^{(3)}(0;0,0,0)$相对于电离势的关系

参考文献[45]提供的数据是通过实验得到的,而参考文献[61-65]给出了超极化率的理论计算值。

为便于比较,短画线描述了利用式(4.53)由KK理论得到的值。

为了比较,图中补充了各种原子的静态超极化率。除了稀有气体氦、氖、氩、氪、氙的超极化率是从实验中获得的[45],图中其他所有数据都是通过不同的微扰技术从理论上获得的[61-65]。

显然,对于稀有气体,与理论曲线的一致性最为显著。然而,为了降低电离势,文献中给出的n_2值仅能粗略地符合本书计算得到的曲线,而且现有理论有高估静态n_2值的趋势。然而,应该记住的是,PPT模型仅提供关于MPI截面σ_K的粗略估计,因为这个模型忽略任何内部原子共振。相反,它只考虑了从束缚态到连续态的跃迁。因此,由PPT理论导出的MPI截面σ_K不能解释共振增强MPI[37-38]或束缚态[66]之间的多光子跃迁等过程。例如,考虑氙原子双光子束缚态之间的共振,参考文献[66]的作者预测了对于氙原子在248nm处会得到负的n_2值。然而,对于此处主要考虑的惰性气体,其静态n_2值的良好一致性表明,对二阶非线性折射率的主要贡献来自于束缚态和连续态之间跃迁产生的非共振 TPA。

综上，建立了用 PPT 理论的 KK 变换估算稀有气体非线性折射率的替代方法。该方法是完全解析的，仅需要知道单个参数，即气体的电离能。式（4.46）直接给出了非线性折射率的估算值，在可见和红外波段与实验测得的数据具有惊人的良好一致性。如 4.4 节所述，该方法可以很容易地推广到高阶效应的估算或者缺少实验数据的其他气体的非线性折射率的估算。此外，在双光子吸收边（Two-photon Absorption Edge）以上的频率 $\omega > \omega_p/2$ 处，n_2 的色散被完全忽略。这也将在 4.4 节进行补充说明。

4.4　高阶克尔效应与飞秒成丝

在本节中，将 KK 拟设推广至高阶指数的计算。这为先前报道的克尔折射率在气态介质中的饱和行为提供了独立的验证。考虑到非线性折射率的幂级数展开式（4.1），显然，$n_{2(K-1)}$ 与 K 光子吸收有关，吸收系数随光强变化的定标关系为[57]

$$\Delta \alpha_K(\omega) = \beta_K I^{K-1} \tag{4.55}$$

式中：$\beta_K = K\hbar\omega \rho_0 \sigma_K$，可参见式（2.51），它将 β_K 与非线性磁化率 $\chi^{(2K-1)}$ 的虚部联系起来。原则上，KK 方法只适用于同时吸收不同频率 $\omega_1, \omega_2, \cdots, \omega_K$ 的 K 个光子的非简并情况。在本例中，仅已知简并吸收系数，不能建立 KK 关系。因此，类似于推导式（4.44）时的考虑，需要对同时吸收不同频率 $\omega_1, \omega_2, \cdots, \omega_K$ 的 K 个光子的非简并吸收截面 $\sigma_K^{ND}(\omega_1, \omega_2, \cdots, \omega_K)$ 进行估算。再次，显然可用下式表示：

$$\sigma_K^{(ND)}(\omega_1, \omega_2, \cdots, \omega_K) = \sigma_K\left(\frac{\omega_1 + \omega_2 + \cdots + \omega_K}{K}\right) \tag{4.56}$$

式中：σ_K 由式（4.42）给出。然后，由于存在频率为 $\omega_2, \omega_3, \cdots, \omega_K$ 的泵浦光束，频率为 ω_1 的探测光束探测到的折射率变化通过 KK 关系与非简并吸收系数联系起来，如下式所示（为了标记方便，引入 $k = K-1$）：

$$n_{2k}(\omega_1, \omega_2, \cdots, \omega_{k+1}) = \frac{\hbar c\rho_0}{\pi}P\int_0^\infty (\Omega + \omega_2 + \cdots + \omega_{k+1})$$

$$\frac{\sigma_{k+1}\left(\dfrac{\Omega + \omega_2 + \cdots + \omega_{k+1}}{k+1}\right)}{\Omega^2 - \omega_1^2}\mathrm{d}\Omega \tag{4.57}$$

本节中,仅关心自折射,因此令 $\omega_2 = \omega_3 = \cdots = \omega_{k+1} = \omega$,得到

$$n_{2k}(\omega) = \frac{\hbar c\rho_0}{\pi}\mathcal{P}\int_0^\infty (\Omega + k\omega)\,\frac{\sigma_{k+1}\left(\dfrac{\Omega + k\omega}{k+1}\right)}{\Omega^2 - \omega_1^2}\mathrm{d}\Omega \qquad (4.58)$$

这个方程是使用 HT 方法计算得到的,HT 方法在 4.3 节中已经用于计算 n_2 的色散行为。对于氩气,n_2 到 n_6 的计算结果如图 4.6 所示。将注意力集中到大于 K 光子吸收阈值以上($\omega > \omega_p$)的折射率指数的色散,可以观察到,非线性折射率在 K 光子吸收边附近是高度色散的。在达到最大值 ω_p/K 后,在 $\omega > \omega_p/K$ 后迅速减小,并最终改变符号。事实上,高阶折射率负指数的出现是观测饱和(行为)的必要条件,正如文献[1-2]中所讨论的。然而,对于氩气来说,负的折射率系数 $n_4 = (-0.36 \pm 1.03) \times 10^{-9}\,\mathrm{cm}^4/\mathrm{TW}^2$ 预测在 800nm 处得到,而图 4.6 表明,在目前的模型框架内,只有在频率 $\omega > \omega_p/K$ 以上的 K 光子吸收边处,才能得到负折射率系数。事实上,通过 KK 方法得到 $n_4 = 0.239 \times 10^{-9}\,\mathrm{cm}^4/\mathrm{TW}^2$。针对参考文献[2]提供的误差范围,$n_4$ 的现值与洛里奥(Loriot)等人的结果是一致的。在 KK 模型中,氩的折射率 $n_{2(K-1)}$ 预计在 $K \geqslant 11$ 时才能取到负值,原因在于 800nm 靠近 11-光子共振波长 $\lambda = 11 \times 2\pi c/\omega_p \approx 865.4\,\mathrm{nm}$。

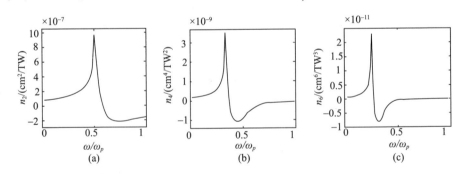

图 4.6 氩在 2,3 和 4-光子共振附近 $n_2 \cdots n_6$ 的色散曲线

文献[3]中提出了解释非线性折射率饱和行为的一种可能机制,考虑了电离导致的基态耗竭(Depletion),导致阳离子折射率 n_2 的减小。电离度体现在多光子截面的定义式(4.42)中的电离势和有效主量子数 $n_* = Z\sqrt{\omega_H/\omega_p}$。对于 Ar^+ 阳离子,第二电离势为 $U_i = 27.629\,\mathrm{eV}$。利用第二电离势和式(4.46)中的 $Z = 2$,可得到单电离氩原子的 n_2 估算值。在 800nm 处,KK 理论预测 $n_2 = 6.14 \times 10^{-8}\,\mathrm{cm}^2/\mathrm{TW}$,比中性氩原子相应值小 2 倍,参见表 4.1。为了模拟由于基态耗竭带来的饱和现象,可根据下式对光强相关的有效二阶非线性系数 $n_{2,\mathrm{eff}}$ 进行

计算:

$$n_{2,\text{eff}}(I) = p n_{2,\text{Ar}^+} + (1-p) n_{2,\text{Ar}} \tag{4.59}$$

式中: p 为单电离氩原子的比例分数。为了再建参考文献[1-2]中的实验条件来计算 p, 假设利用频率为 $t_{\text{FWHM}} = 90\text{fs}$ 的脉冲对介质进行电离, 脉冲的高斯时间强度廓线为 $I(t) = I_0 \exp(-2t^2/t_p^2)$, 其中 I_0 是峰值强度, $t_p = t_{\text{FMHW}}/\sqrt{2\ln2}$。对于 800nm 的中心波长, 利用文献[7]中电离速率公式(4.36)的 $w(I)$, p 可由下式给出:

$$p = 1 - \exp\left(\int_{-\infty}^{t} \mathrm{d}t' w(I(t'))\right) \tag{4.60}$$

$n_{2,\text{eff}}(I)$ 与峰值光强 I 之间的图像如图 4.7 所示。在强度达到 150TW/cm^2 之前, 有效二阶非线性系数 $n_{2,\text{eff}}$ 几乎是常数, 然后单调地减小, 直到达到初始强度值(约为 300TW/cm^2)的 50%, 此时气体几乎完全电离。考虑到非线性指数变化由 $\Delta n = n_{2,\text{eff}}(I)I$ 给出, 在强度达到 150TW/cm^2 之前, $n_{2,\text{eff}}$ 的这种观测到的行为表现为 $\Delta n(I)$ 曲线的近似常数斜率, 对于更高的强度, 常数斜率更小。为了进行比较, 对于给定的激光和介质参数, 钳制光强为 81TW/cm^2。而使 $\Delta n(I)$ 斜率发生显著变化的强度几乎是其 2 倍。由此可见, 在氩丝中, 基态耗竭导致 n_2 的减小起着次要的作用。此外, 所观察到的饱和行为, 尤其是指数符号的变化, 不能用基于 KK 理论的耗竭模型来解释。

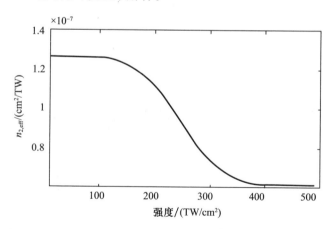

图 4.7　根据式(4.59)得到的, 800nm 波长处, 氩的光强相关的二阶非线性折射率 $n_{2,\text{eff}}$

因此, 为了提供克尔饱和及反转的理论模型, 克尔非线性折射率方程(4.1)的定义中将包括高阶非线性项。将利用 KK 关系式(4.58)计算高阶系数, 并与文献[1-2]的实验结果进行比较, 文献[1-2]提供了迄今为止唯一可用的高阶非线性实验数据。除了氩之外,洛里奥等人的实验工作也给出了 N_2 和 O_2 等空气成分的高阶克尔系数。然而,文献[7]的模型只适用于描述原子的光电离。这是因为式(4.36)的推导中只考虑了原子初始波函数的渐近特性(参见本书第4.2节),因此不能正确描述分子电离[67]。相反,使用低阶微扰理论(LOPT)的近似方法[参见式(4.9)]和随后讨论的更为复杂的近似方法,通常用于分子电离的理论描述[18]。原则上,为了能够通过 KK 变换式(4.58)求得高阶克尔系数,可以利用 LOPT 方法计算高阶电离截面 σ_K。然而,对于大数值 K,微扰方法变得十分复杂,与任意 K 值的式(4.42)相比,文献中还没有看到有关大数值 K 的截面 σ_K 的封闭解析解。因此,后续使用文献[68]中的半经验模型,该模型应用了带有效库仑势和有效剩余离子电荷 Z_{eff} 的 PPT 模型。据此模型,分别得到 O_2 和 N_2 的 Z_{eff} 为 0.53 和 0.9,该数值后续用于计算分子态空气组分的电离截面 σ_K 和高阶克尔系数。然而,对于分子气体,众所周知,延迟拉曼响应对克尔非线性效应有贡献,它与分子自由度有关,相关讨论可参见式(3.19)。因此要强调的是,对于分子气体,式(4.58)仅提供对克尔非线性的瞬时电子响应,而忽略了延迟拉曼响应。

表 4.2 汇总给出了氦、氖、氩、氪、氙以及空气成分 O_2 和 N_2,在 $\lambda = 800nm$ 处,由电离截面 σ_K 的 KK 变换式(4.58)计算出的高阶克尔系数。除了 800nm 处的 n_2 值之外,对于分子气体 O_2 和 N_2,根据各自相应的 Z_{eff} 值,由式(4.53)分别计算得到 $n_2(0) = 0.7 \times 10^{-7} cm^2/TW$ 和 $n_2(0) = 0.8 \times 10^{-7} cm^2/TW$。事实上,这些数值与文献[69](也可参见参考文献[70])的独立理论计算结果非常吻合,对于 O_2 和 N_2,参考文献[69](也可参见参考文献[70])分别提供了纯电子响应对非线性折射率的贡献 $n_2(0) = 0.746 \times 10^{-7} cm^2/TW$ 和 $n_2(0) = 0.72 \times 10^{-7} cm^2/TW$。此外,在少量可以获得的有关氩的高阶磁化率的参考文献中,参考文献[71]给出 $n_4 = 2.1 \times 10^{-12} cm^4/TW^2$,$n_6 = 2.5 \times 10^{-15} cm^6/TW^3$,$n_8 = 7 \times 10^{-18} cm^8/TW^4$ 和 $n_{10} = 4.1 \times 10^{-20} cm^{10}/TW^5$。这些值与目前 KK 方法所得的结果惊人地一致。

表4.2 氦、氖、氩、氪、氙、氧、氮在波长为 800nm 的高阶非线性系数 $n_{2k}(cm^{2k}/TW^k)$,由式(4.58)计算得到

k	He	Ne	Ar	Kr	Xe	O_2	N_2
1	5.21×10^{-9}	1.31×10^{-8}	1.27×10^{-7}	3.07×10^{-7}	9.16×10^{-7}	8.15×10^{-8}	8.80×10^{-8}
2	2.41×10^{-12}	9.65×10^{-12}	2.90×10^{-10}	1.09×10^{-9}	5.64×10^{-9}	3.08×10^{-10}	1.92×10^{-10}
3	2.48×10^{-15}	1.56×10^{-14}	1.42×10^{-12}	8.27×10^{-12}	7.33×10^{-11}	2.90×10^{-12}	9.19×10^{-13}

续表

k	He	Ne	Ar	Kr	Xe	O_2	N_2
4	4.54×10^{-18}	4.48×10^{-17}	1.23×10^{-14}	1.11×10^{-13}	1.73×10^{-12}	5.41×10^{-14}	7.94×10^{-15}
5	1.31×10^{-20}	2.03×10^{-19}	1.72×10^{-16}	2.45×10^{-15}	7.04×10^{-14}	1.84×10^{-15}	1.11×10^{-16}
6	5.54×10^{-23}	1.34×10^{-21}	3.63×10^{-18}	8.62×10^{-17}	5.39×10^{-15}	1.22×10^{-16}	2.39×10^{-18}
7	3.23×10^{-25}	1.24×10^{-23}	1.15×10^{-19}	5.14×10^{-18}	7.26×10^{-16}	9.92×10^{-18}	7.82×10^{-20}
8	2.52×10^{-27}	1.56×10^{-25}	5.89×10^{-21}	1.22×10^{-18}	-4.87×10^{-17}	-7.93×10^{-19}	4.20×10^{-21}
9	2.57×10^{-29}	2.59×10^{-27}	7.84×10^{-22}	-4.28×10^{-20}	-6.98×10^{-19}	-1.14×10^{-20}	8.21×10^{-22}
10	3.34×10^{-31}	5.78×10^{-29}	-3.76×10^{-23}	-6.23×10^{-22}	-1.05×10^{-20}	-1.74×10^{-22}	-2.65×10^{-23}
11	5.56×10^{-33}	1.76×10^{-30}	-6.23×10^{-25}	-7.75×10^{-24}	-1.76×10^{-22}	-2.97×10^{-24}	-3.61×10^{-25}
12	1.19×10^{-34}	8.21×10^{-32}	-6.77×10^{-27}	-1.09×10^{-25}	-3.11×10^{-24}	-5.33×10^{-26}	-3.98×10^{-27}
13	3.37×10^{-36}	1.20×10^{-32}	-8.29×10^{-29}	-1.65×10^{-27}	-5.64×10^{-26}	-9.77×10^{-28}	-5.00×10^{-29}
14	1.49×10^{-37}	-2.43×10^{-34}	-1.09×10^{-30}	-2.56×10^{-29}	-1.03×10^{-27}	-1.81×10^{-29}	-6.73×10^{-31}
15	1.38×10^{-38}	-1.92×10^{-36}	-1.50×10^{-32}	-4.04×10^{-31}	-1.91×10^{-29}	-3.38×10^{-31}	-9.35×10^{-33}
16	-3.11×10^{-40}	-1.52×10^{-38}	-2.08×10^{-34}	-6.42×10^{-33}	-3.54×10^{-31}	-6.31×10^{-33}	-1.32×10^{-34}
17	-2.09×10^{-42}	-1.36×10^{-40}	-2.93×10^{-36}	-1.03×10^{-34}	-6.56×10^{-33}	-1.18×10^{-34}	-1.88×10^{-36}
18	-1.44×10^{-44}	-1.30×10^{-42}	-4.13×10^{-38}	-1.64×10^{-36}	-1.22×10^{-34}	-2.21×10^{-36}	-2.69×10^{-38}
19	-1.12×10^{-46}	-1.29×10^{-44}	-5.86×10^{-40}	-2.63×10^{-38}	-2.26×10^{-36}	-4.13×10^{-38}	-3.87×10^{-40}
20	-9.37×10^{-49}	-1.29×10^{-46}	-8.33×10^{-42}	-4.23×10^{-40}	-4.20×10^{-38}	-7.73×10^{-40}	-5.56×10^{-42}

注：n_{2k} 通过 KK 理论与 $k+1$ 光子吸收截面 σ_{k+1} 相联系。

有趣的是,对于这里考虑的所有气体,仅当 $K > U_i/\hbar\omega = \omega_p/\omega$, $n_{2(K-1)}$ 才出现负值。在这种情况下,K 个吸收光子的能量足够高,从而触发多光子跃迁到连续态。此时可表明,负克尔系数的出现是决定非线性折射率的饱和及反转特性的关键。

在计算了非线性折射率后,可根据式(4.1)直接计算强度相关的克尔非线性折射率 $\Delta n(I)$。图 4.8 给出了氩气、氮气和氧气的计算结果。对于所有考虑到的气体,非线性折射率的变化 Δn 表现出与文献[1-3,72-73]的理论和实验结果相当的特性,即在强度等级达到约 $10^{13}\, \mathrm{cm}^2/\mathrm{W}$ 时出现饱和及符号变化。图 4.8 中的短画线显示了参考文献[2]中的实验结果。在后者的工作中,测量得到氩的反转光强,定义为 $\Delta n(I_{\mathrm{inv}}) = 0$ 的(非平凡)根,为 $34\,\mathrm{TW/cm}^2$,而目前的理论结果预测反转光强将增加 40%,约为 $49\,\mathrm{TW/cm}^2$。然而,参考文献[2]提供了对 $n_2, n_4, \cdots, n_{10}$ 的测量误差估计。从这些误差的数值中,可以估计反转光强的实验测量误差约为$I_{inv} = 34 \pm 9\text{TW/cm}^2$。对于所提供 O_2 和 N_2 的实验数据,也有类似的考虑。对于目前的理论结果,误差来自于表4.1总结的独立数据中最低阶系数n_2的偏差,得到大约 $\pm 20\%$ 的误差估计值。分析表明,基于 KK 的 IDRI 计算得到的反转光强与实验结果吻合较好[2]。对于氩,在参考文献[73]给出了克尔饱和与反转的独立预测。相应的 $\Delta n(I)$ 可见图 4.8(a) 中的短画线—点线图。尽管参考文献[73]稍微高估了由低阶非线性系数n_2确定的 $\Delta n(I)$ 的线性初始斜率,但反转特性与现有结果和洛里奥等人的结果吻合较好。

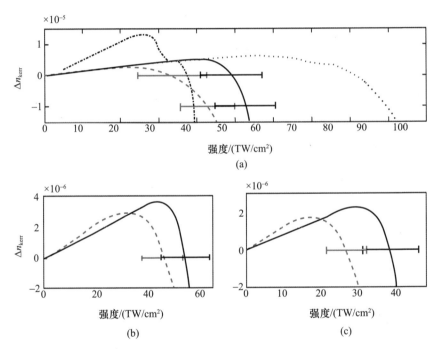

图 4.8　800nm 波长处,基于高阶克尔项的克尔饱和及反转效应,(a)氩、(b)氮和(c)氧[式(4.1)、式(4.58),实线],基于等离子体钳制的经典飞秒成丝模型[式(4.61),点线],以及实验结果[1-2](点画线)。(a)中点线—点画线描述了文献[73]中发现的氩的 TDSE 结果

(引用自 C. Brée et. al.[6]. Copyright © 2010 American Physical Society)

图 4.9 给出了根据式(4.58)和式(4.1)得到氦、氖、氩和氙的 IDRI Δn (I) 与强度的相对关系。同样,对于氖、氩和氙,参考文献[73]中的理论结果在图 4.9 中绘制成短画线—点曲线,与本书给出的结果在定性上符合得很

好。这里由式(4.1)和式(4.58)计算得到的所用气体的反转光强总结如表4.3所列。

表4.3　飞秒成丝经典模型中非线性折射率饱和的反转光强与钳制光强

	He	Ne	Ar	Kr	Xe	O_2	N_2
$I_{inv}/(\mathrm{TW/cm^2})$	113	89	49	40	30	36	50
$I_c/(\mathrm{TW/cm^2})$	301	204	81	57	37	44	82

为了揭示克尔反转在飞秒光丝中承担的作用,应该将其与经典激光成丝模型相比较,后者截断了n_2项后的克尔折射率,并假设非线性折射率变化为

$$\Delta n(I) = n_2 I - \frac{\rho}{2\rho_c} \qquad (4.61)$$

也可参见第2.5节的讨论。为了再现参考文献[1−2]中的实验条件,采用一个90fs的高斯时间分布脉冲,在可变峰值强度I的条件下,对方程(4.61)进行求解。这个脉冲产生的峰值等离子体密度ρ是使用参考文献[7]中的电离模型方程(4.36)得到,同时由式(4.46)获得n_2。计算结果相对于峰值强度I的关系如图4.8(a)中的点线图和图4.9中的短画线图所示。在钳制光强模型中,Δn所表现出的行为清楚地表明,非线性折射率的等离子体诱导饱和与反转发生在相当高的强度条件下,正如在高阶克尔模型中所观察到的一样。

为了定量比较,计算了激光波长 $\lambda = 800\mathrm{nm}$ 时目标气体的钳制光强。采用了数值方法求解式(2.81),而不是用估算式(2.83)。所得的钳制光强与表4.3中高阶克尔模型方程(4.58)的反转光强形成了对比。

事实上,反转光强低于钳制光强。因此,可以认为,对于所考虑的情况,在800nm波长处,克尔折射率的饱和是飞秒成丝的主导机制。

然而,从式(4.58)和图4.6可以明显看出,高阶克尔系数的大小由辐射激光束的中心波长决定。如图4.10(a)、(b)所示,对于氩气,IDRI 和反转光强出现色散[74]。为了比较,图4.10(a)中的短画线给出了氩气钳制光强的波长依赖性。反转光强随波长的减小而增加,并最终超越钳制光强,正如文献[75]中独立推测的那样。因此,对于低于600nm的波长,由自由电子引起的光强钳制变得更加重要,并且可能再次发挥其对非线性折射率饱和效应的主导作用。

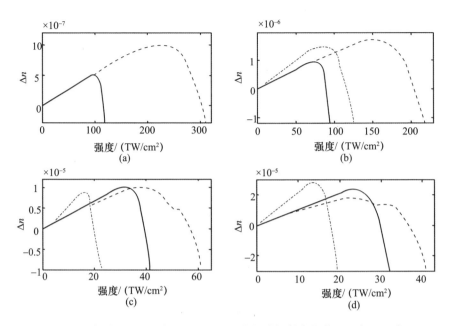

图 4.9　根据式(4.1)和表 4.2 得到的强度相关折射率指数,(a)氦、(b)氖、(c)氪和(d)氙。点画线表示飞秒成丝经典模型中的非线性折射率变化,式(4.61)。点画线—点线表示文献[73]的 TDSE 结果

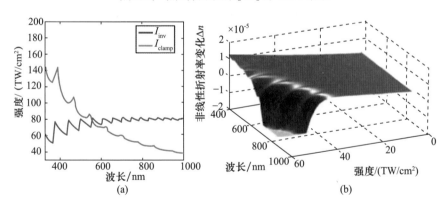

图 4.10　(a)氩(实线)反转光强I_{inv}的色散。点画线表示根据式(2.81)计算得到的波长相关钳制光强。(b)根据式(4.1)和式(4.58)计算得到的,氩的非线性折射率 $\Delta n(I,\omega)$ 与波长 ω 和强度 I 的可视化关系图

参考文献

[1] V. Loriot, E. Hertz, O. Faucher, B. Lavorel, Measurement of high order Kerr refractive index of major air components. Opt. Express 17, 13429 (2009)

[2] V. Loriot, E. Hertz, O. Faucher, B. Lavorel, Measurement of high order Kerr refractive index of major air components: erratum. Opt. Express 18, 3011 (2010)

[3] M. Nurhuda, A. Suda, K. Midorikawa, Generalization of the Kerr effect for high intensity, ultra-short laser pulses. New J. Phys. 10, 053006 (2008)

[4] P. Bejot, J. Kasparian, S. Henin, V. Loriot, T. Vieillard, E. Hertz, O. Faucher, B. Lavorel, J. -P. Wolf, Higher-order Kerr terms allow ionization-free filamentation in gases. Phys. Rev. Lett. 104, 103903 (2010)

[5] M. Kolesik, E. M. Wright, J. V. Moloney, Femtosecond filamentation and higher-order nonlinearities. Opt. Lett. 35, 2550 (2010)

[6] C. Brée, A. Demircan, G. Steinmeyer, Saturation of the all-optical Kerr effect. Phys. Rev. Lett. 106, 183902 (2011). doi: 10. 1103/PhysRevLett. 106. 183902

[7] S. V. Poprzuhenko, V. D. Mur, V. S. Popov, D. Bauer, Strong field ionization rate for arbitrary laser frequencies. Phys. Rev. Lett. 101, 193003 (2008)

[8] M. Sheik-Bahae, D. J. Hagan, E. W. van Stryland, Dispersion and band-gap scaling of the electronic Kerr effect in solids associated with two-photon absorption. Phys. Rev. Lett. 65, 96 (1990)

[9] M. Sheik-Bahae, D. C. Hutchings, D. J. Hagan, E. W. van Stryland, Dispersion of bound electronic nonlinear refraction in solids. IEEE J. Quantum Electron. 27, 1296 (1991)

[10] A. M. Perelomov, V. S. Popov, M. V. Terent'ev, Ionization of atoms in an alternating electric field. Sov. Phys. JETP 23, 924 (1966)

[11] C. Brée, A. Demircan, G. Steinmeyer, Method for computing the nonlinear refractive index via Keldysh theory. IEEE J. Quantum Electron. 4, 433 (2010)

[12] A. Kramers, La diffusion de la lumierepar les atomes. AttiCong. Intern. Fisica 2, 545 (1927)

[13] R. de L. Kronig. On the theory of the dispersion of X-rays. J. Opt. Soc. Am. 12, 547 (1926)

[14] D. C. Hutchings, M. Sheik-Bahae, D. J. Hagan, E. W. van Stryland, Kramers-Kronig relations in nonlinear optics. Opt. Quant. Electron. 24, 1 (1992)

[15] P. Lambropoulos, In Topics on Multiphoton Processes in Atoms, ed. by D. Bates, B. Bederson. Topics on Multiphoton Processes in Atoms, volume 12 of Advances in Atomic and Molecular Physics, (Academic Press, New York, 1976), pp. 87-164

[16] P. Lambropoulos, X. Tang, Multiple excitation and ionization of atoms by strong laser fields. J. Opt. Soc. Am. B 4,821(1987)

[17] E. Varoucha, N. A. Papadogiannis, D. Charalambidis, A. Saenz, H. Schröder, B. Witzel, Quantitative laser mass spectroscopy of sputtered versus evaporated metal atoms. Phys. Rev. A 65, 012901(2001)

[18] A. Apalategui, A. Saenz, Multiphoton ionization of the hydrogen molecule H_2. J. Phys. B: At. Mol. Opt. Phys. 35,1909(2002)

[19] L. V. Keldysh, Ionization in the field of a strong electromagnetic wave. Sov. Phys. JETP 20, 1307(1965)

[20] F. H. M. Faisal, Collision of electrons with laser photons in a background potential. J. Phys. B: At. Mol. Phys. 6,L312(1973)

[21] H. R. Reiss, Effect of anintense electromagnetic field on a weakly bound system. Phys. Rev. A 22,1786(1980)

[22] S. F. J. Larochelle, A. Talebpour, S. L. Chin, Coulomb effect in multiphoton ionization of rare-gas atoms. J. Phys. B 31,1215(1998)

[23] D. M. Volkov, Über eine Klasse von Lösungen der Diracschen Gleichung. Z. Phys. 94,250 (1935)

[24] G. L. Yudin, M. Y. Ivanov, Nonadiabatic tunnel ionization: Looking inside a laser cycle. Phys. Rev. A 64,013409(2001)

[25] D. Bauer, D. B. Milosevic, W. Becker, Strong-field approximation for intense laser-atom processes: The choice of gauge. Phys. Rev. A 72,023415(2005)

[26] S. -I. Chu, W. P. Reinhardt, Intense field multiphoton ionization via complex dressed states: application to the H atom. Phys. Rev. Lett. 39,1195(1977)

[27] L. Pan, B. Sundaram, J. Lloyd Armstrong, Dressed-state perturbation theory for multiphoton ionization of atoms. J. Opt. Soc. Am. B 4,754(1987)

[28] W. Becker, A. Lohr, M. Kleber, Effects of rescattering on above-threshold ionization. J. Phys. B: At. Mol. Opt. Phys. 27,L325(1994)

[29] E. U. Condon, G. H. Shortly, *Theory of Atomic Spectra*, (Cambridge University Press, Cambridge,1935)

[30] G. Simons, New model potential for pseudopotential calculations. J. Chem. Phys. 55, 756 (1971)

[31] L. P. Rapoport, B. A. Zon, N. L. Manakov, *Theory of Multiphoton Processes in Atoms* (Section 2. 4), (Atomizdat, Moscow,1978)

[32] V. S. Popov, Imaginary-time method in quantum mechanics and field theory. Phys. At. Nucl. 68, 686(2005)

[33] R. P. Feynman, Space-time approach to non-relativistic quantum mechanics. Rev. Mod. Phys. 20,367(1948)

[34] P. Agostini, L. F. DiMauro, The physics of attosecond light pulses. Rep. Prog. Phys. 67, 813 (2004)

[35] F. Krausz, M. Ivanov, Attosecond physics. Rev. Mod. Phys. 81,163(2009)

[36] A. M. Peremolov, V. S. Popov, V. P. Kuznetsov, Allowance for the coulomb interaction in multiphoton ionization. Sov. Phys. JETP 27,451(1968)

[37] W. Becker, F. Grasbon, R. Kopold, D. B. Milosevic, G. G. Paulus, H. Walther, Above-threshold ionization: from classical features to quantum effects. Adv. At. Mol. Phys. 48,35(2002)

[38] M. Plummer, C. J. Noble, Calculations of resonance enhanced multiphoton ionization of argon in a KrF laser field. J. Phys. B: At. Mol. Opt. Phys. 33, L807(2000)

[39] R. DeSalvo, A. A. Said, D. J. Hagan, E. W. vanStryland, M. Sheik-Bahae, Infrared to ultraviolet measurements of two-photon absorption and n2 in wide bandgap solids. IEEE J. Quantum Electron. 32,1324(1996)

[40] M. Sheik-Bahae, A. A. Said, T. H. Wei, D. J. Hagan, E. W. Stryland, Sensitive measurement of optical nonlinearities using a single beam. IEEE J. Quantum Electron. 26,760(1990)

[41] M. Nisoli, S. D. Silvestri, O. Svelto, R. Szipocs, K. Ferencz, C. Spielmann, S. Sartania, F. Krausz, Compression of high-energy laser pulses below 5fs. Opt. Lett. 22,522(1997)

[42] C. P. Hauri, W. Kornelis, F. W. Helbing, A. Heinrich, A. Couairon, A. Mysyrowicz, J. Biegert, U. Keller, Generation of intense, carrier-envelopephase-lockedfew-cycle laser pulses through filamentation. Appl. Phys. B 79,673(2004)

[43] G. Stibenz, N. Zhavoronkov, G. Steinmeyer, Self-compression of milijoule pulses to 7.8 fs duration in a white-light filament. Opt. Lett. 31,274(2006)

[44] H. J. Lehmeier, W. Leupacher, A. Penzkofer, Nonresonant third orderhyper-polarizability of rare gases and N₂ determined by third order harmonic generation. Opt. Commun. 56, 67 (1985)

[45] D. P. Shelton, J. E. Rice, Measurements and calculations of the hyper-polarizabilities of atoms and small molecules in the gas phase. Chem. Rev. 94,3(1994)

[46] J. E. Rice, Frequency-dependent hyperpolarize abilitiesforargon, kryptonandneon: Comparison with experiment. J. Chem. Phys. 96,7580(1992)

[47] H. A. Lorentz, Über die Beziehungzwischen der Fortpflanzungsgeschwindigkeit des Lichtes und der Körperdichte. Ann. Phys. 9,641(1880)

[48] L. Lorenz, Über die Refractionsconstante. Ann. Phys. 11,70(1880)

[49] D. M. Bishop, J. Pipin, Improved dynamic hyperpolarizabilities and field-gradient polarizabilities for helium. J. Chem. Phys. 91,3549(1989)

[50] M. J. Shaw, C. J. Hooker, D. C. Wilson, Measurement of the nonlinear refractive index of air and other gases at 248 nm. Opt. Commun. 103, 153(1993)

[51] J. -H. Klein-Wiele, T. Nagy, P. Simon, Hollow-fiber pulse compressor for KrF lasers. Appl. Phys. B 82, 567(2006)

[52] J. T. Manassah, Simple Models of Self-Phase and Induced-Phase Modulation, The supercontinuum Laser Source, vol. 82(Springer-Verlag, Berlin, 2006), p. 567

[53] M. V. Ammosov, N. B. Delone, V. P. Krainov, Tunnel ionization of complex atoms and of atomic ions in an alternating electromagnetic field. Sov. Phys. JETP 64, 1191(1986)

[54] V. S. Popov, Tunnel and multiphoton ionization of atoms and ions in a strong laser field. Phys. Usp. 47, 855(2004)

[55] T. Brabec, F. Krausz, Intense few-cycle laser fields: frontiers of nonlinear optics. Rev. Mod. Phys. 72, 545(2000)

[56] R. W. Boyd, *Nonlinear Optics*, (Academic Press, Orlando, 2008)

[57] L. Berge, S. Skupin, R. Nuter, J. Kasparian, J. P. Wolf, Ultrashort filaments of light in weakly ionized, optically transparent media. Rep. Prog. Phys. 70, 1633(2007)

[58] F. W. J. Olver, D. W. Lozier, R. F. Boisvert, C. W. Clark(eds.), *NIST Handbook of Mathematical Functions*(Cambridge University Press, Cambridge, 2010)

[59] D. M. Bishop, Dispersion formulas for certain nonlinear optical processes. Phys. Rev. Lett. 61, 322(1988)

[60] J. W. N. Thomas Lundeen, S-Y. Hou, Nonresonant third order susceptibilities for various gases. J. Chem. Phys. 79, 6301(1983)

[61] P. Fuentealba, O. Reyes, Polarizabilities and hyperpolarizabilities of the alkali metal atoms. J. Phys. B: At. Mol. Opt. Phys. 26, 2245(1993)

[62] T. Kobayashi, K. Sasagane, K. Yamaguchi, Frequency-dependent second hyperpolarize abilities in the time-dependent restricted open-shell Hartree-Fock theory: application to the Li, Na, K, and N atoms. J. Chem. Phys. 112, 7903(2000)

[63] J. Stiehler, J. Hinze, Calculation of static polarizabilities and hyperpolarizabilities for the atoms He through Kr with a numerical RHF method. J. Phys. B: At. Mol. Opt. Phys. 28, 4055(1995)

[64] C. Lupinetti, A. J. Thakkar, Polarizabilities and hyperpolarizabilities for the atoms Al, Si, P, S, Cl, and Ar: coupled cluster calculations. J. Chem. Phys. 122, 044301(2005)

[65] Y. Malykhanov, I. Eremkin, S. Begeeva, Calculation of the dipole hyperpolarizability of atoms with closed and open shells by the Hartree-Fock-Roothaan method. J. Appl. Spectrosc. 75, 1 (2008). ISSN 0021-9037. 10. 1007/s10812-008-9020-y

[66] M. R. Junnarkar, N. Uesugi, Near two-photon resonance short pulse compression in atomic noble gases. Opt. Commun. 175, 447(2000)

[67] M. J. DeWitt, E. Wells, R. R. Jones, Ratiometric comparison of intense field ionization of atoms and diatomic molecules. Phys. Rev. Lett. 87, 153001(2001)

[68] A. Talebpour, J. Yang, S. L. Chin, Semi-empiricalmodel for the rate of tunnel ionization of N_2 and O_2 molecule in an intense Ti: sapphire laser pulse. Opt. Commun. 163, 29(1999)

[69] R. W. Hellwarth, D. M. Pennington, M. A. Henesian, Indices governing optical self-focusingand self-induced changes in the state of polarizationin N_2, O_2, H_2, andArgases. Phys. Rev. A 41, 2766(1990)

[70] E. T. J. Nibbering, G. Grillon, M. A. Franco, B. S. Prade, A. Mysyrowicz, Determination of the inertial contribution to the nonlinear refractive index of air, N_2, and O_2 by use of unfocused high-intensity femtosecond laser pulses. J. Opt. Soc. Am. B 14, 650(1997)

[71] W. Liu, High-order nonlinear susceptibilities of helium. Phys. Rev. A56, 4938(1997)

[72] M. Nurhuda, A. Suda, K. Midorikawa, Ionization-induced high-order nonlinear susceptibility. Phys. Rev. A 66, 041802(R)(2002)

[73] M. Nurhuda, A. Suda, K. Midorikawa, Saturation of dynamic nonlinear susceptibility of noble gas atoms in intense laser field. RIKEN Rev. 48, 40(2002)

[74] C. Brée, A. Demircan, G. Steinmeyer, Kramers-Kronig relations and high-order nonlinear susceptibilities. Phys. Rev. A 85, 033806(2012). doi: 10. 1103/PhysRevA. 85. 033806

[75] V. Loriot, P. Bã© jot, W. Ettoumi, Y. Petit, J. Kasparian, S. Henin, E. Hertz, B. Lavorel, O. Faucher, J. Wolf, On negativehigher-order Kerr effect and filamentation. LaserPhys. 21, 1319(2011). ISSN 1054-660X. 10. 1134/S1054660X11130196

第**5**章

总　结

本书研究了飞秒成丝。该研究的第一部分从理论和实验两方面探讨了自压缩,揭示了这一非凡现象背后的物理机制,第二部分介绍了影响飞秒成丝的基础,以及在极端强度下的非线性光学。书中提出了一种全新的,用于理论预测高阶非线性磁化率大小的方法,该方法与最近的实验结果十分吻合[1]。

在第 3 章中,成丝自压缩可以追溯到一种自箍缩机制,可认为与磁流体动力学中出现的 z 箍缩相似[2-3]。已经表明,纯粹空间效应的相互作用,即克尔自聚焦和等离子体散焦能引起时间脉冲波形相当大的动态变化,这与等离子体非线性特性的非瞬时性质有关。这个时间动态变化包括脉冲的时间分裂,这被一个简单的解析模型所证实。在适当的输入脉冲条件下,等离子体诱导的脉冲分裂可能会生成一个分裂 – 隔离循环,产生一个零星周期的自压缩脉冲。此外,后一种结果揭示出,具有一个强电离区,并伴随着一个几乎无等离子体的亚衍射通道[4]的光丝特征纵向结构已经出现在纯粹的空间模型中,它忽略了任何像色散和自陡峭这样的时间效应。这进一步证实了在成丝自压缩背后的普遍机制完全是一种空间性质。

在后电离区中[5],研究表明部分被群速度色散(GVD)所阻碍的重聚焦事件会导致第二次分裂 – 隔离循环,它使自压缩机制级联,并强烈地增加压缩比。实验和数值研究都表明[6],重聚焦事件可以产生自压缩的零星周期脉冲,在光谱图中具有明显特征的时间和光谱特征。飞秒光丝的另一个有趣的特征是它们具有能够恢复其空间和时间波形的能力。前者在参考文献[7]中得到证明,已经表明光丝在击中一个直径为光丝内核直径 2/3 的遮挡物后,可以自恢复其横向空间分布,文献认为"脉冲的再补充主要源于非线性吸引子,它负责形成了模拟光丝内核的空间孤子"[7]，通过对基础动力学方程采用一个时间平均的、近似类比，该看法得到了证实，类比方法显示出方程确实允许存在稳定孤子解。借助于熔融石英薄窗对成丝自压缩脉冲的影响，在参考文献[8-9]中，理论预测了时间自恢复。在一个典型的实验装置中，自压缩的光脉冲通过穿过这样的石英窗离开气体容器。在第3.4节给出的结果成功地证明了这些理论预测，并揭示了出口窗纵向位置的强烈影响。尤其是，测量和数值模拟也揭示了，对一个未恰当放置的气体容器，时间自恢复可能无效。通过对无窗的气体容器的测量进一步证实了这一点。这些发现可能有助于在将来的实验中提高成丝自压缩的效率。

最后，第4章指出了在飞秒成丝领域，也或许会是非线性光学整个领域中可能出现的一种理念的转变。书中提出了一种解释强度相关折射率指数（IDRI）饱和和反转行为的理论模型，该模型基于非线性光学磁化率的克拉默斯-克罗尼希（KK）关系，参看式（4.58）。该模型最初用来计算半导体的二阶克尔系数 n_2[10-11]，后来应用于稀有气体。在第4.3节中，这个模型被扩展以得到关于 n_2 随波长色散的更精确的预测。得到的结果与独立的理论和实验数据具有良好的一致性。在二阶非线性折射率的基础上对KK方法进行了基准测试，将该方法推广更高阶克尔项的计算中，与洛里奥等人的实验测量结果达到较好的一致[1,12]。

可以这里理解，非线性折射源于虚拟多光子从基态到一个激发的束缚态或连续态，然后回到基态的跃迁过程。这一系列的跃迁导致了参与光子的相移，宏观上表现为观察到由二阶或高阶克尔非线性特性引起的自相位调制。由于采用的电离模型[13]忽略了内部原子共振的存在，第4章中的KK方法只抓住了基态与连续态之间的跃迁对非线性折射的贡献这一点。在参考文献[14]中，提出了一种分析束缚-连续跃迁对IDRI贡献的替代方法。在后一个工作中，计算了一个简化模型系统的IDRI，该系统有时被称为"δ-氢"。这个系统使用一个脉冲函数来近似原子势。后一种势只允许一个单一的束缚态，这样在这个模型中，类似于这里所采用的方法，只有束缚-连续跃迁对非线性磁化率有贡献。事实上，在"δ-氢"模型中，正如在参考文献[1,12]和本书中观察到的那样，IDRI在定性上表现出同样的饱和与反转行为。然而，参考文献[14]的作者认为，在真实的原子系统中为支持经典的成丝模型，束缚态之间的虚跃迁对IDRI起主要贡献，从而掩盖了由于连续态跃迁而导致的饱和行为。相比之下，在第4.3节中获得的二阶非线性折射率 n_{2k} 与独立的实验和理论数据显著的一致性，这一点没有在参考文献[14]中提及,实际上表明基态和连续态之间的跃迁对非线性折射贡献相当大。然而,模型的未来改进可能涉及增加多光子横截面β_K(参考方程(4.55)),考虑参与的激发束缚态的项,以解释束缚态之间的多光子跃迁或共振增强的多光子电离(MPI)。

在参考文献[15]中提出了一项对洛里奥等人的预测进行独立测试的实验。这涉及在所考虑的气体中,测量相比于五次谐波的三次谐波产额。事实上,根据对参考文献[16]的分析,参考文献[17]中氩气的实验结果支持高阶克尔模型。

这些结果强烈建议,在将来的成丝模型中要将基于克尔(效应)的饱和机制包括进来。然而,由于高阶系数的强烈色散,对白光传输的建模可能会很困难,可能需要找到对色散非线性特性有效建模的方法。

参考文献

[1] V. Loriot, E. Hertz, O. Faucher, B. Lavorel, Measurement of high order Kerr refractive index of major air components. Opt. Express 17, 13429(2009)

[2] V. F. D'Yachenko, V. S. Imshenik, Magnetohydrodynamic theory of the pinch effect in a dense high-temperature plasma(dense plasma focus). Rev. Plasma Phys. 5, 447(1970)

[3] J. B. Taylor, Relaxation of toroidal plasma and generation of reverse magnetic fields. Phys. Rev. Lett. 33, 1139(1974)

[4] S. L. Chin, Y. Chen, O. Kosareva, V. P. Kandidov, F. Théberge, What is a filament? Laser Phys. 18, 962(2008)

[5] S. Champeaux, L. Bergé, Postionization regimes of femtosecond laser pulses self-channeling in air. Phys. Rev. E 71, 046604(2005)

[6] C. Brée, J. Bethge, S. Skupin, L. Bergé, A. Demircan, G. Steinmeyer, Cascaded selfcompression of femtosecond pulses in filaments. New J. Phys. 12, 093046(2010)

[7] S. Skupin, L. Bergé, U. Peschel, F. Lederer, Interaction of femtosecond light filaments with obscurants in aerosols. Phys. Rev. Lett. 93, 023901(2004)

[8] L. Berge, S. Skupin, G. Steinmeyer, Temporal self-restoration of compressed optical filaments. Phys. Rev. Lett. 101, 213901(2008)

[9] L. Bergé, S. Skupin, G. Steinmeyer, Self-recompression of laser filaments exiting a gas cell. Phys. Rev. A 79, 033838(2009)

[10] M. Sheik-Bahae, D. J. Hagan, E. W. van Stryland, Dispersion and band-gap scaling of the

electronic Kerr effect in solids associated with two-photon absorption. Phys. Rev. Lett. 65,96 (1990)

[11] M. Sheik-Bahae, D. C. Hutchings, D. J. Hagan, E. W. van Stryland, Dispersion of boundelectronic nonlinear refraction in solids. IEEE J. Quantum Electron. 27,1296(1991)

[12] V. Loriot, E. Hertz, O. Faucher, B. Lavorel, Measurement of high order Kerr refractive index of major air components: erratum. Opt. Express 18,3011(2010)

[13] V. S. Popov, Tunnel and multiphoton ionization of atoms and ions in a strong laser field. Phys. Usp. 47,855(2004)

[14] A. Teleki, E. M. Wright, M. Kolesik, Microscopic model for the higher-order nonlinearity in optical filaments. Phys. Rev. A 82,065801(2010)

[15] M. Kolesik, E. M. Wright, J. V. Moloney, Femtosecond filamentation and higher-order nonlinearities. Opt. Lett. 35,2550(2010)

[16] P. Béjot, E. Hertz, B. Lavorel, J. Kasparian, J. -P. Wolf, O. Faucher, From higher-order Kerr nonlinearities to quantitative modeling of third and fifth harmonic generation in argon. Opt. Lett. 36,828(2011)

[17] K. Kosma, S. A. Trushin, W. E. Schmid, W. Fuß, Vacuum ultraviolet pulses of 11 fs from fifthharmonic generation of a Ti: sapphire laser. Opt. Lett. 33,723(2008)

附录 A

非线性薛定谔方程

非线性薛定谔方程(NLSE)(2.73)描述了非线性克尔介质中光束的自聚焦现象,该现象可纳入更一般的波坍缩(Wave Collapse)和自聚焦背景中[1]。因此,无论是从物理还是从泛函分析的角度看,根据下式,在一个纵向维度 η(传播方向)和由$(\xi_1,\cdots,\xi_D)$参数化的横向维度 D 中对广义非线性薛定谔方程进行研究都是值得的。

$$i\partial_n\psi + \sum_{j=1}^{D} \frac{\partial^2}{\partial\xi_j^2}\psi(\eta;\boldsymbol{\xi}) + |\psi|^{2\sigma}\psi = 0 \qquad (A.1)$$

由于从技术应用的角度,对波能量的稳态、局域结构的存在有浓厚的兴趣,因此,大量的关于非线性薛定谔方程的数学理论致力于以下形式的驻波解(Standing Wave Solutions)的存在性:

$$\Phi(\boldsymbol{\eta},\boldsymbol{\xi}) = R(\boldsymbol{\xi})e^{i\lambda\eta} \qquad (A.2)$$

考虑到驻波解在无限小扰动下是稳定的,因此式(A.2)也被视为 NLSE 的孤子解。将式(A.2)代入非线性薛定谔方程(A.1),可得偏微分方程(PDE):

$$\sum_{j=1}^{D} \frac{\partial^2}{\partial\xi_j^2}R - \lambda R + |R|^{2\sigma}R = 0 \qquad (A.3)$$

对 $\sigma = D = 1$ 的情形,后一方程可解析求解得到

$$R_\lambda(\xi) = \frac{\sqrt{2\lambda}}{\cosh(\sqrt{\lambda}\xi)} \qquad (A.4)$$

这就是著名的非线性薛定谔方程的基础光孤子,在非线性光纤光学中得到广泛应用[2-3]。参考文献[4-7]中导出了无限小扰动下关于 NLSE 定态的稳定性判据。引入孤子质量:

$$N(\lambda) = \int d^D \xi \, |R_\lambda(\vec{\xi})|^2 \tag{A.5}$$

则当下式成立时,稳定的基态存在:

$$\frac{d}{d\lambda} N(\lambda) > 0 \tag{A.6}$$

该稳态孤子的存在性条件也称为瓦克提夫 – 克罗克洛夫(Vakhitov-Kolokolov)判据。可以发现该条件与 $\sigma D < 2$ 等价,后者描述一种称为次临界的情况,而当 $D\sigma = 2$ 和 $D\sigma > 2$ 时,分别称为临界和超临界状况。临界情况与强光物理具有特殊的相关性。取 $D = 2$ 和 $\sigma = 1$,可以发现方程(A.3)的基态解 $R_{0,\lambda}$ 是连续的、无节点(nodes)的正函数。进一步地,该解是径向对称的,即 $R_{0,\lambda} = R_{0,\lambda}(\rho)$,其中 $\rho = \sqrt{\xi_1^2 + \xi_2^2}$。方程(A.3)对任意 λ 的解集 $R_{0,\lambda}$ 可通过对 $\lambda = 1$ 时的解 $R_{0,1}$ 进行标度变换得到

$$R_{0,\lambda}(\rho) = \sqrt{\lambda}\, R_{0,1}(\sqrt{\lambda}\rho) \tag{A.7}$$

从标度率性质可以直接得到如下结论:在临界状况,基态质量 $N(\lambda) = 2\pi \int d\rho \rho \, R_{0,\lambda}^2(\rho)$ 不依赖于 λ,即 $N(\lambda) = N(1)$。因此由瓦克提夫 – 克罗克洛夫判据(A.6)可得基态解 R_0 是不稳定的,可以证明,对任意 $\epsilon > 0$,存在一个 NLSE 的趋于 R_0 的初始条件 $\phi(0, \xi)$ 满足 $\|\phi - R_0\| < \epsilon$,使得 $\phi(\eta, \xi)$ 的幅值在有限的距离 η_c 处变为无限大,即 $\lim_{\eta \to \eta_c} \phi(\eta, \xi) = \infty$。此外,基态质量 $N_0 = \|R_{0,1}\|^2$ 提供了观察有限距离处(幅值)剧增所需的阈值质量的一个下界:满足 $\|\phi\|^2 < N_0$ 的任意初始基准波函数 ϕ 将演化成 NLSE 的一个全局定义的解且不会变为无限大。因此,(幅值)变为无限大的必要条件是

$$\|\phi^2\| > N_0 \tag{A.8}$$

基态 $R_{0,1}$ 也称为汤斯模(Townes mode)[8],在 $D = 2$ 和 $\sigma = 1$ 的情形时数值求解方程(A.3),可得 $N_0 \approx 11.69$。文献[8]在自生波导中光束的光学自聚焦和自俘获(self-trapping)的背景下,讨论了汤斯模。实际上,在自聚焦非线性克尔介质中,折射率满足 $n(I) = n_0 + n_2 I$,傍轴波方程(2.73)在做变量替换 $4 z_0 \eta \to z$,$w_0(\xi_1, \xi_2) \to (x, y)$ 和 $\sqrt{c_2}\psi \to \varepsilon$ 后,变回原来的形式,其中 $c_2 = \lambda^2 / (8 \pi^2 n_0 n_2 w_0^2)$。对光学自聚焦,采用上面的结论,可以发现,类似于方程(A.8),只有在输入的光束功率 P 超过临界功率 $P_{cr} = N_0 \lambda^2 / (8 \pi^2 n_0 n_2)$ 这个必要条件下,在临界距离处自聚焦和剧增才有可能发生,由马尔堡(Marburger)公式(2.76)提供了临界距离,参看方程(2.75)。

对自聚焦和剧增的数学分析而言,由所谓的维里恒等式(virial identity)提供了一种重要的解析工具。引入波场 ψ 的变化 V 和哈密顿量 H 如下:

$$V = \int |\boldsymbol{\xi}|^2 \, |\psi|^2 \, \mathrm{d}^2\xi \tag{A.9}$$

$$H = \int \mathrm{d}^2\xi \left(|\boldsymbol{\nabla}\psi|^2 - \frac{1}{2} |\psi|^4 \right) \tag{A.10}$$

可以发现 NLSE 1 的任一解满足:

$$\partial_\eta^2 V = 8H \tag{A.11}$$

这里只考虑 $(D=2, \sigma=1)$ 情形。由于 NLSE 的驻波解有常数变量,因此根据维里恒等式立即可得 $H=0$。因此在临界维 $D=2, \sigma=1$,汤斯模是 NLSE 的零能量解。利用维里恒等式可得到临界功率的一个估计。选择具有无量纲束腰 $\Pi(\eta)$ 和光功率 $\tilde{P}$ 的高斯光束作为试探函数,有

$$\psi(\eta, \xi) = \sqrt{\frac{\tilde{P}}{\pi \ell^2(\eta)}} \exp\left(-\frac{\rho^2}{2\,\Pi^2(\eta)} + \mathrm{i}\,\frac{1}{4}\,\frac{\Pi_\eta(\eta)\rho^2}{\Pi(\eta)} \right) \tag{A.12}$$

将此拟设函数代入维里恒等式,可得到决定光束束腰 Π 演化的常微分方程:

$$\frac{1}{4}\Pi^3(\eta)\frac{\mathrm{d}^2}{\mathrm{d}\eta^2}\Pi(\eta) = 1 - \frac{\tilde{P}}{\tilde{P}_{\mathrm{cr}}} \tag{A.13}$$

对线性衍射,该方程的右端项为单位 1。然而,当光束功率超过临界功率 $\tilde{P}$ 时,右端项相较于线性理论会变号,且光束束腰最终收缩到 0,导致在某有限距离 η_* 上强度变为无限大。束腰演化方程可解析求解,恢复到物理量纲,则解由第 3.1 节中方程(3.11)给出,其临界功率可由变分方法近似得到

$$P_{\mathrm{cr}} = \frac{\lambda^2}{2\pi\,n_0 n_2} \tag{A.14}$$

参考文献

[1] C. Sulem, P. -L. Sulem(1999) *The Nonlinear Schrödinger Equation: Self-Focusing and Wave Collapse. Applied Mathematical Sciences*, Springer

[2] G. P. Agrawal(2001) *Nonlinear Fiber Optics.* Academic Press, 3rd edn

[3] F. Mitschke(2009) *Fiber Optics: Physics and Technology.* Springer, 1st edn

[4] M. I. Weinstein(1986)Lyapunov stability of ground states of nonlinear dispersive evolution e-
quations. Commun. Pure and Applied Math. ,39:51

[5] M. Grillakis,J. Shatah,W. A. Strauss(1987)Stability theory of solitary waves in the presence of
symmetry,I. J. Funct. Anal. ,74:160

[6] N. G. Vakhitov,A. A. Kolokolov(1973)Stationary solutions of the wave equation in a medium
with nonlinearity saturation. Izv. Vuz. Radiofiz. ,16:1020

[7] A. A Kolokolov (1976) Stability of stationary solutions of nonlinear wave equations. Izv.
Vuz. Radiofiz. ,17:1016

[8] R. Y. Chiao,E. Garmire,C. H. Townes, (1964)Self-Trapping of Optical Beams. Phys. Rev.
Lett. ,13:479

附录 **B**

数 值 方 法

斯特藩·斯库平（马克思 – 普朗克复杂系统物理研究所）（Stefan Skupin, MPIPKS）和吕克·贝杰（法国替代能源与原子能委员会）（Luc Bergé, CEA-DAM）友善地提供了方程（2.55）、方程（2.56）的数值积分格式的 FORTRAN90 代码。代码使用了分裂步长（Split-step）伪谱方法[1]对包络方程（2.55）进行积分，如下式所示：

$$-\mathrm{i}\partial_z\hat{\varepsilon} = \mathcal{L}(\omega)\varepsilon + \mathcal{N}(\hat{\varepsilon},\omega) \tag{B.1}$$

其中，算符 $\mathcal{L}$ 由下式给出：

$$\mathcal{L}(\omega) = \mathcal{L}_r(\omega) + \mathcal{D}(\omega) \tag{B.2}$$

这里考虑了线性光学效应。算符可进一步分解为两部分：一部分是贡献 $\mathcal{D}(\omega)$，来自模拟时间色散的方程（2.59）；另一部分是径向部分 $\mathcal{L}_r$。

$$\mathcal{L}_r(\omega) = \frac{1}{2}\frac{1}{k_0}\hat{T}^{-1}(\omega)\frac{1}{r}\partial_r r\partial_r \tag{B.3}$$

该部分模拟傍轴近似下的线性衍射，包含了空间 – 时间聚焦效应。这里 $\hat{T} = 1 + \omega/\omega_0$ 是方程（2.57）描述的算符 T 的频域表示。非线性传输效应包含在 $\mathcal{N}(\hat{\varepsilon},\omega)$ 中，由下式给出：

$$\mathcal{N}(\hat{\varepsilon},\omega) = \mathrm{i}\frac{\omega_0}{c}n_2\hat{T}(\omega)\mathcal{F}[|\varepsilon|^2\varepsilon](\omega) - \mathrm{i}\frac{k_0}{2\rho_c}\hat{T}^{-1}(\omega)\mathcal{F}[\rho(\varepsilon)\varepsilon](\omega) -$$

$$\frac{\sigma}{2}\mathcal{F}[\rho\varepsilon](\omega) - \mathcal{F}\left[\frac{U_i W(I)(\rho_{nt}-\rho)}{2I}\varepsilon\right](\omega) \tag{B.4}$$

利用伪谱方法对方程（2.55）进行数值积分，首先在方程（B.1）中令 $\mathcal{N}\equiv0$ 得到一个新的方程，根据该方程由给定的初始基准面 $\hat{\varepsilon}(r,z_0,\omega)$，从距离 $\Delta z/2$

处向前移动初始基准面得到包络 $\hat{\varepsilon}(r,z_0+\Delta z,\omega)$。形式上,相应的线性演化方程的解可写为

$$\hat{\varepsilon}(r,z+\Delta z/2,\omega)=e^{i\frac{\Delta z}{2}\mathcal{L}_r(\omega)}e^{i\frac{\Delta z}{2}D(\omega)}\hat{\varepsilon}(r,z,\omega) \tag{B.5}$$

因为算符 $\mathcal{L}_r(\omega)$ 和 $\mathcal{D}(\omega)$ 是可交换的,同时演化方程的纯色散部分的解很容易通过初始基准面乘上相位因子 $\exp(i\Delta z D(\omega)/2)$ 而得到,径向算符 $\exp(i\Delta z \mathcal{L}_r(\omega)/2)$ 的作用可用隐式柯兰克－尼克尔森(Crank-Nicholson)格式[2]的有限差分方法近似数值求解,使用 r 方向的透明边界条件[3]。

在方程(B.1)中令 $\mathcal{L}=0$ 得到非线性方程,可以求解得到初始数据进一步传输距离 Δz 后的线性演化结果。非线性积分步骤利用龙格－库塔(Runge-Kutta)方法完成。然而在频域中,包络中的非线性项对应多重卷积,这将需要大量的计算开销。因此,在执行非线性步骤之前,对 $\hat{\varepsilon}(r,z,\omega)$ 实施快速傅里叶变换(FFT)得到包络 $\varepsilon(r,z,t)$ 的时域表示,这时可以对非线性项直接计算。这个过程引入的混叠误差可通过在频域中对 $\hat{\varepsilon}$ 进行低通滤波来控制。此外,使用 FFT 意味着同时在时域和频域对包络施加周期性边界条件。

重复线性步传输 $\Delta z/2$ 距离完成积分方案,从初始包络 $\varepsilon(r,z,t)$ 得到电场包络 $\varepsilon(r,z+\Delta z,t)$,应用于完整的传输模型方程(B.1)中。

数值计算利用了消息传递接口(MPI)库实现并行,在 WIAS 刀片式服务器集群欧拉(惠普 CP3000BL)中运行。集群包含 32 个惠普 BL460c 型刀片服务器和 16 个惠普 BL2x220c 型刀片服务器,每个刀片配备两个英特尔至强 5430/2666 四核处理器和 16GB 内存。为提高伪谱方法的并行效率,二维数值网格被分布到计算节点。假设离散的 r 和 t 坐标分别对应网格的列和行。于是 FFT 的传递需要每个计算节点存储完整的列,而在柯兰克－尼克尔森方法中,每个节点需要存储完整的行。因此计算节点的网格分布需要经常转置。参考文献[4]中描述了一种完成节点之间必要的数据交换的有效方法。

参考文献

[1] T. R. Taha, M. I. Ablowitz, (1984) Analytical and numerical aspects of certain nonlinear evolution equations. II. Numerical, nonlinear Schrödinger equation. J. Comput. Phys., 55:203

[2] J. Crank, P. Nicolson, (1996) A practical method for numerical evaluation of solutions of partial differential equations of the heat-conduction type. Adv. Comput. Mathe. , 6, 207 ISSN 1019-7168. 10. 1007/BF02127704

[3] G. R. Hadley, (1991) Transparent boundary condition for beam propagation. Opt. Lett. ,16:624

[4] S. Skupin (2005) Nonlinear dynamics of trapped beams. Ph. D. thesis, Friedrich-Schiller-Universität Jena

超短零星周期脉冲的表征

光谱相位相干直接电场重构法(Spectral Phase Interferometry for Direct Electric field Reconstruction,SPIDER)[1]是一种刻画零星周期(few-cycle)光脉冲的光谱相位的干涉测量方法,光谱相位 $\phi(\omega)$ 定义为电场 $E(t)$ 在频域中的相位,即 $E(t)$ 的傅里叶变换 $\hat{E}(\omega)$ 的幅角:

$$\hat{E}(\omega) = |\hat{E}(\omega)| e^{i\phi(\omega)} \tag{C.1}$$

原则上,光脉冲的光谱相位可以使用武田(Takeda)算法,由脉冲的两个光谱剪切副本(sheared replica)产生的干涉信号重构。实际中,光谱剪切副本是在 $\chi^{(2)}$ 介质中通过频率上转换产生的,如图 C.1 所示。为此,用一个薄的玻璃平板作为标准具。标准具的前后反射提供了脉冲的两个相互时间延迟为 $\Delta\tau$ 的副本。此外,透射穿过玻璃平板的那部分脉冲将被传输通过一个色散介质,如 BK7 玻璃。获得的频率啁啾在时间上使脉冲展宽,并将其频率信息映射到时域。之后,啁啾脉冲和两束同向传输的脉冲副本将用于在 $\chi^{(2)}$ 介质中产生和频(Sum Frequency Generation,SFG)。在第 3.4 节的实验中,使用了Ⅱ型相位匹配条件下的 BBO 晶体。由于啁啾脉冲足够长,SFG 过程可由一个短脉冲与一个单色波之间相互作用进行描述,引起短脉冲的频率上转换。然而,由于展宽脉冲的频率啁啾和短脉冲之间的时间延迟,它们各自上转换的频率略有不同。因此 SPIDER 信号包含了两个光谱剪切脉冲,频率偏移为 $\Delta\omega$,由延迟 $\Delta\tau$ 和啁啾脉冲的群延迟色散(GDD)决定。在频域里由下式给出:

$$S(\omega) = |\hat{E}(\omega - \omega_0) e^{i(\omega - \omega_0)\Delta\tau} + \hat{E}(\omega - \omega_0 - \Delta\omega)|^2 \tag{C.2}$$

方程(C.1)利用极分解可估算给出:

$$S(\omega) = |\hat{E}(\omega')|^2 + |\hat{E}(\omega' - \Delta\omega)|^2 + 2|\hat{E}(\omega')\hat{E}(\omega' - \Delta\omega)| \times$$

$$\cos(\phi(\omega') - \phi(\omega' - \Delta\omega) + \phi_{\mathrm{ref}}(\omega')) \tag{C.3}$$

式中:线性参考相位$\phi_{\mathrm{ref}} = \omega'\Delta\tau$。实验上,SPIDER 信号 $S(\omega)$ 通过光谱仪分析同向传输的光谱剪切脉冲得到。这形成了特征条纹图案,如图 3.18(a)所示。进一步考察方程(C.3)显示(对非平凡光谱相位)条纹间隔随着 ω 并非常数,实际上,方程(C.3)的余弦函数的位相由线性贡献 $\omega'\Delta\tau$ 叠加一个相位调制组成,相位调制是因为执行有限差分引起的:

$$\theta(\omega') = \phi(\omega') - \phi(\omega' - \Delta\omega) \tag{C.4}$$

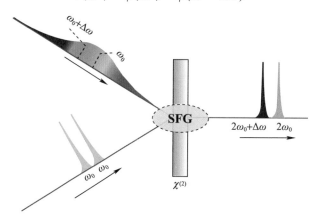

图 C.1　SPIDER 实验装置原理图。待表征的两束相互延迟的脉冲副本和

第三束啁啾脉冲副本通过 II 型相位匹配几何结构,在$\chi^{(2)}$晶体中产生和频(SFG)

通过分析条纹间隔的调制与之后减去线性参考相位$\phi_{\mathrm{ref}} = \omega'\Delta\tau$,可获得脉冲的群延迟,这里假设:

$$\theta(\omega') \approx \Delta\omega \frac{\partial\phi(\omega')}{\partial\omega'} \tag{C.5}$$

必需的相位解调可以通过如武田算法[2]或基于小波的解调方式[3-4]得到。

原则上,可以通过从玻璃标准具的厚度计算延迟 $\Delta\tau$ 来得到参考相位ϕ_{ref}而不需要进一步测量。然而实际中,同向传输的脉冲光谱相位不会完全一致,这是因为从标准具后表面反射的脉冲在穿过标准具时受到额外的色散整形。因此,在实验条件下,参考相位是准线性的,$\phi_{\mathrm{ref}}(\omega') = \omega'\Delta\tau + \xi(\omega')$,利用一个小的偏差 $\xi(\omega')$ 来表征 SPIDER 设备的色散效应。为了减小这种效应,可以通过隔离啁啾脉冲和改变非线性晶体的取向得到 I 型相位匹配来测量参考相位。这将使得同向传输脉冲在 BBO 晶体内产生二次谐波信号。接着用一个光谱仪记录 SHG 信号,生成的条纹图案将被解调,与 SPIDER 信号的解调类似。这个处理过程可获得需要的参考相位ϕ_{ref},从解调的 SPIDER 相位中去除参考相位 ϕ_{ref}得到输入脉冲的群延迟。光谱相位最终可通过对方程(C.5)积分得到:

$$\phi(\omega') = \frac{1}{\Delta\omega}\int d\omega'\theta(\omega') + C_0 \tag{C.6}$$

由于 SPIDER 方法并没有提供实验手段去确定积分常数 C_0,电场只能确定到具有一个恒定的相移,参看(C.1)。因此 SPIDER 是一项确定超短脉冲包络的技术,且对载波信号和包络之间的偏移量不敏感。

SPIDER 是一种干涉测量方法,而 XFROG 是非干涉测量方法。它依赖于将待描述的测试脉冲 $E(t)$ 和一个已经得到很好描述的参考脉冲$E_{ref}(t)$聚焦到 $\chi^{(2)}$介质中,例如,BBO 晶体,产生一个互相关信号。进一步,延迟段可用来引入参考脉冲关于测试脉冲的一个可变的时间延迟 τ。BBO 晶体后测得的互相关信号的电场由下式给出:

$$E_X(t,\tau) = E(t)E_{ref}(t-\tau) \tag{C.7}$$

用光谱仪分析 XFROG 信号时,XFROG 信号的光谱强度给出了 XFROG 的轮廓:

$$I_X(\omega,\tau) = \left|\int_{-\infty}^{\infty} dt E_X(t,\tau)e^{i\omega\tau}\right|^2 \tag{C.8}$$

参考文献

[1] C. Iaconis, I. A. Walmsley (1998) Spectral phase interferometry for direct electric-field reconstruction of ultrashort optical pulses. Opt. Lett. ,23:792

[2] M. Takeda, H. Ina, S. Kobayashi (1982) Fourier-transform method of fringepattern analysis for computer-based topography and interferometry. J. Opt. Soc. Am. ,72:156

[3] J. Bethge, G. Steinmeyer(2008) Numerical fringe pattern demodulation strategies in interferometry. Rev. Sci. Instrum. ,79:073102

[4] J. Bethge, C. Grebing, G. Steinmeyer, (2007) A fast Gabor wavelet transform for high-precision phase retrieval in spectralinterferometry. Opt. Express, 15:14313

附录D 名词术语

A

| ATI | Above Threshold Ionization | 超阈值电离 |

C

| CE | Conical Emission | 圆锥辐射 |
| CPA | Chirped Pulse Amplification | 啁啾脉冲放大 |

D

| DFWM | Degenerate Four Wave Mixing | 简并四波混频 |

E

| ESHG | Electric-Field Induced Second Harmonic Generation | 电场诱导二次谐波产生 |

F

FFT	Fast Fourier Transform	快速傅里叶变换
FME	Forward Maxwell's Equation	前向麦克斯韦方程组
FWHM	Full Width at Half Maximum	半高宽

G

| GDD | Group-delay Dispersion | 群延迟色散 |

GVD	Group-velocity Dispersion	群速度色散

H

HT	Hilbert Transform	希尔伯特变换

I

IDRI	Intensity Dependent Refractive Index	强度相关折射率指数

K

KK	Kramers-Kronig	克拉默斯－克罗尼希

L

LIBS	Laser Induced Breakdown Spectroscopy	激光诱导击穿光谱学
LIDAR	Light Detection and Ranging	光探测及测距技术
LOPT	Lowest-order Perturbation Theory	低阶微扰理论

M

MHD	Magneto-hydrodynamics	磁流体动力学
MPI	Multiphoton Ionization	多光子电离
MPI	Message Passing Interface Libraries	消息传递接口库

N

NEE	Nonlinear Envelope Equation	非线性包络方程
NLSE	Nonlinear Schrödinger Equation	非线性薛定谔方程

P

PDE	Partial Derivative Equation	偏微分方程
PPT	Popov-Perelomov-Terent'ev	波波夫－佩雷罗莫夫－捷连季耶夫

S

SEWA	Slowly Evolving Wave Approximation	慢变波近似
SFA	Strong Field Approximation	强场近似

SFG	Sum Frequency Generation	和频产生
SPIDER	Spectral Phase Interferometry for Direct Electric Field Reconstruction	光谱位相相干直接电场重构法
SPM	Self-phase Modulation	自相位调制
SVEA	Slowly Varying Envelope Approximation	慢变包络近似
SW	Silica Wedge	石英光楔

T

THG	Third-harmonic Generation	三次谐波生成
TOD	Third-order Dispersion	三阶色散
TPA	Two-photon Absorption	双光子吸收

X

XFROG	Cross-correlation Frequency-resolved Optical Gating	互相关频率分辨光学开关法